三峡水库泥沙冲淤变化三维动态可视化系统设计与实现

U0250316

许全喜　王伟　刘亮　李圣伟　白亮　原松　任实　编著

WUHAN UNIVERSITY PRESS
武汉大学出版社

图书在版编目(CIP)数据

三峡水库泥沙冲淤变化三维动态可视化系统设计与实现/许全喜等编
著.—武汉:武汉大学出版社,2019.3
　　ISBN 978-7-307-20712-7

　　Ⅰ.三…　Ⅱ.许…　Ⅲ.三峡工程—水库泥沙—泥沙冲淤—计算机辅
助设计—应用软件　Ⅳ.TV145-39

　　中国版本图书馆 CIP 数据核字(2019)第 024012 号

责任编辑:杨晓露　　　责任校对:汪欣怡　　　版式设计:马　佳

出版发行:**武汉大学出版社**　　(430072　武昌　珞珈山)
　　　　　(电子邮箱:cbs22@whu.edu.cn 网址:www.wdp.com.cn)
印刷:北京虎彩文化传播有限公司
开本:787×1092　1/16　印张:15.5　字数:365 千字　　插页:1
版次:2019 年 3 月第 1 版　　　2019 年 3 月第 1 次印刷
ISBN 978-7-307-20712-7　　　定价:46.00 元

前　　言

　　长江三峡水利枢纽是世界罕见的大型多目标水利工程，具有防洪、发电、航运、供水和旅游等巨大的综合效益。水库淤积问题是水库发挥综合效益的重要制约因素。因此，如何减少水库泥沙淤积，减轻其对航道、港口、码头等的影响，同时延长水库的使用寿命，是今后相当长一段时期内三峡水库科学调度所面临的关键技术问题之一。

　　随着科技水平和以三峡水库为核心的大型水库群联合调度要求的逐步提高，在已有研究成果的基础上，进一步根据三峡水库已累积的大量的水文泥沙、河道地形实时监测数据，利用 GIS 技术及三维仿真技术，结合三峡水库为核心的水库群联合调度会商平台建设的要求，研究建立三峡水库泥沙冲淤变化三维动态演示系统，对新水沙条件和水库群联合调度下三峡水库泥沙冲淤变化进行更为及时、高效的计算分析是十分必要的。

　　2016 年中国长江三峡集团有限公司设立"三峡水库泥沙冲淤变化三维动态演示系统"专题，由长江水利委员会水文局负责研发。通过对本专题的研究，能够更加及时、形象、逼真地展现水文泥沙冲淤变化过程，实现测绘成果的分析与共享、监测数据与三维球体快速浏览瓶颈体之间的融合与统一，填补大型水库泥沙冲淤三维动态分析与演示的空白。该专题的研究不仅可实现三峡水库主要控制站水沙整编数据、实时监测与报汛数据和库区地形、固定断面数据的实时入库与科学管理，实现库区实测泥沙冲淤的实时动态演示与定量分析，还可利用三峡库区水沙一维数学模型，通过三维平台动态实时演示水库实时调度过程中库区水沙输移和泥沙冲淤变化过程，总结库区泥沙的输移规律，指导三峡水库的实时调度，为水库最大限度地发挥防洪、发电和航运等综合效益服务。

　　本书以软件工程的思路，科学地阐述了地理信息系统在水利行业的发展应用趋势，重介绍了三峡水库泥沙变化三维动态分析和可视化需求要点，从水文泥沙理论和分析等方面对系统进行了总体设计、平台搭建、数据库设计，以实现系统各项功能，其别对一些重要算法和关键技术手段进行了详细描述，让读者能更加清晰地了解系统理论依据和方法技巧。

　　系统在技术路线设计与开发过程中采用了多项先进技术，主要体现在三维仿真技术融合、灵活可扩展的跨平台集成技术、功能强大的河床演变综合分析、Web Services 模型库的水沙预测模型管理与调度技术、河道泥沙分析预测与仿真技术等方面。

　　该系统组织严谨、功能强大，结构清晰明了、操作简单。通过本书读者在开发此类系统方面有所启发，使读者了解如何将海量的空间数据组织，为数据管理和各类功能实现提供快速、合理的存储方式，了解技术实现能满足日常水文泥沙分析与预测需求的功能，从而提高对此力。本书适合有一定水文泥沙相关知识和 GIS 开发经验的读者学习。

本书共包括 9 个章节和 3 个附录。长江水利委员会水文局许全喜、王伟、李圣伟、白亮、原松和中国长江三峡集团有限公司枢纽局刘亮、任实负责各章节的编写,由许全喜统稿。

第 1 章"概述",介绍了地理信息系统及其在水利中的应用、三峡库区的泥沙概况。由许全喜、刘亮编写。

第 2 章"系统开发过程及特点",对系统的功能与特点进行了概述。由王伟、许全喜编写。

第 3 章"关键技术与算法",介绍了在系统实现中所用到的新技术、新方法以及重要的算法与关键的处理技巧。主要由王伟、许全喜、任实编写。

第 4 章"系统总体构架设计与实现",总体设计从总设计师的角度,搭建了系统框架,提出了技术路线,阐明了设计的理念与原则,规划了系统软硬件平台。主要由许全喜、王伟、刘亮、任实编写。

第 5 章"数据库管理子系统设计及实现",数据库设计介绍了系统数据基石的组织方式与存储方式。由李圣伟、白亮、任实编写。

第 6 章"三维浏览与信息查询模块设计及实现",用于完成三维空间下的三峡库区大区域海量影像和地形数据实时渲染和漫游,并提供水文站、水位站、固定断面等信息的查询功能。主要由原松、李圣伟、白亮、刘亮等编写。

第 7 章"实测地形冲淤变化分析与动态演示模块设计及实现",用于完成三维空间下,基于实测地形的冲淤变化的相关计算和三维动态的展示。主要由李圣伟、原松、王伟编写。

第 8 章"实测地形库容计算与动态演示模块设计及实现",用于完成三维空间下,基于干流或主要支流的实测地形的库容计算及三维展示。主要由白亮、李圣伟、原松编写。

第 9 章"一维泥沙冲淤数模成果表现与动态演示模块设计及实现",介绍了一维泥沙冲淤计算模型封装、计算、成果展现的过程。主要由原松、李圣伟、任实编写。

最后的附录由原松、白亮组织编写。

本书在编著过程中,武汉大学王伟教授,武汉吉嘉时空信息技术有限公司苏卫波总经理和王鹏博士等为本书的编写提供了大力支持和许多诚恳的建议,在此向他们致以衷心的感谢!

由于时间和水平有限,书中难免存在疏漏和不当之处,敬请读者批评指正。

作 者

2018 年 11 月

目　　录

第1章　概述 ……………………………………………………………………… 1

1.1　地理信息系统概况 ………………………………………………………… 1

1.2　地理信息系统在水利中的应用 …………………………………………… 2

　　1.2.1　在防洪减灾中的应用 ……………………………………………… 2

　　1.2.2　在水资源管理中的应用 …………………………………………… 3

　　1.2.3　在水资源与水土保持中的应用 …………………………………… 3

1.3　水利行业应用发展趋势 …………………………………………………… 4

1.4　三峡库区及泥沙概况 ……………………………………………………… 4

第2章　系统开发过程及特点 ………………………………………………… 6

2.1　系统需求分析 ……………………………………………………………… 6

2.2　研究内容 …………………………………………………………………… 6

　　2.2.1　研究目标 …………………………………………………………… 6

　　2.2.2　主要研究内容 ……………………………………………………… 7

2.3　开发研究思路 ……………………………………………………………… 7

2.4　系统开发过程 ……………………………………………………………… 8

2.5　系统开发难点 ……………………………………………………………… 9

2.6　系统主要特点 ……………………………………………………………… 10

第3章　关键技术与算法 ……………………………………………………… 12

3.1　GIS/3DGIS ………………………………………………………………… 12

　　3.1.1　GIS ………………………………………………………………… 12

　　3.1.2　3DGIS ……………………………………………………………… 14

3.2　三维虚拟仿真 ……………………………………………………………… 15

　　3.2.1　概念 ………………………………………………………………… 15

　　3.2.2　特点 ………………………………………………………………… 16

　　3.2.3　在水利方面的应用 ………………………………………………… 16

　　3.2.4　在系统中的作用 …………………………………………………… 16

3.3　影像金字塔 ………………………………………………………………… 16

　　3.3.1　概念 ………………………………………………………………… 16

　　3.3.2　在系统中的作用 …………………………………………………… 17

3.4 地理坐标系统 ·· 17
　　3.4.1 地理坐标系的概念 ·· 17
　　3.4.2 坐标系统 ·· 18
　　3.4.3 投影转换 ·· 20
　　3.4.4 在系统中的作用 ·· 20
3.5 水文泥沙分析与预测关键算法 ·································· 20
　　3.5.1 断面要素计算 ·· 20
　　3.5.2 水量计算 ·· 23
　　3.5.3 沙量计算 ·· 23
　　3.5.4 河道槽蓄量计算 ·· 24
　　3.5.5 冲淤量计算 ·· 25
　　3.5.6 冲淤厚度计算 ·· 26
3.6 河道水面三维仿真 ·· 26
　　3.6.1 概念 ·· 26
　　3.6.2 方法 ·· 26
　　3.6.3 在本系统中的作用 ·· 31
3.7 一维水沙数学模型建立 ·· 31
　　3.7.1 模型基本方程 ·· 31
　　3.7.2 离散求解 ·· 32
　　3.7.3 补充方程 ·· 35
　　3.7.4 模型有关问题处理 ·· 38
3.8 断面变化 ·· 40
　　3.8.1 概念 ·· 40
　　3.8.2 在本系统中的作用 ·· 41
3.9 渲晕图变化 ·· 42
　　3.9.1 渲晕图变化概念 ·· 42
　　3.9.2 在本系统中的作用 ·· 42

第4章　系统总体构架设计与实现 ···································· 44
4.1 设计理念 ·· 44
　　4.1.1 使用理念 ·· 44
　　4.1.2 安全理念 ·· 44
4.2 架构设计 ·· 46
　　4.2.1 概述 ·· 46
　　4.2.2 软件体系架构图 ·· 46
　　4.2.3 软件开发设计与技术 ······································ 48
　　4.2.4 软件环境 ·· 69
　　4.2.5 硬件环境 ·· 70

4.3 模块划分 ·· 70
　4.3.1 子系统清单 ··· 70
　4.3.2 各子系统功能描述 ·· 71
4.4 应用模式 ·· 72
4.5 系统逻辑视图 ·· 73
4.6 系统界面设计 ·· 74
　4.6.1 总体原则 ·· 74
　4.6.2 原则详述 ·· 75
　4.6.3 界面设计 ·· 76
4.7 用户分析与权限设计 ··· 77

第5章 数据库管理子系统设计及实现 ··· 79
5.1 概述 ··· 79
5.2 子系统研制方案 ·· 79
5.3 数据分类及组成分析 ·· 80
5.4 数据库设计 ··· 81
　5.4.1 数据组织 ·· 81
　5.4.2 数据库表设计 ·· 82
　5.4.3 数据库逻辑设计 ·· 83
　5.4.4 数据库编码规则 ·· 84
　5.4.5 地形图要素分类与编码方案 ·· 84
5.5 系统功能实现 ·· 85
　5.5.1 系统维护 ·· 85
　5.5.2 数据维护 ·· 87

第6章 三维浏览与信息查询模块设计及实现 ····································· 91
6.1 概述 ··· 91
6.2 功能列表 ·· 91
6.3 功能设计与实现 ·· 93
　6.3.1 基本信息查询 ·· 93
　6.3.2 断面查询 ·· 116
　6.3.3 测站信息查询 ·· 126
　6.3.4 可视化成果输出 ·· 143
　6.3.5 文档管理 ·· 145

第7章 实测地形冲淤变化分析与动态演示模块设计及实现 ················ 147
7.1 概述 ··· 147
7.2 功能列表 ·· 147

7.3　功能设计与实现 ………………………………………………………… 148
　　7.3.1　局部地形查看 …………………………………………………… 148
　　7.3.2　地形渲染 ………………………………………………………… 150
　　7.3.3　断面法冲淤量计算 ……………………………………………… 155
　　7.3.4　地形法冲淤量计算 ……………………………………………… 157
　　7.3.5　冲淤厚度图演示 ………………………………………………… 159
　　7.3.6　冲淤高程关系 …………………………………………………… 163
　　7.3.7　深泓线分析 ……………………………………………………… 166

第8章　实测地形库容计算与动态演示模块设计及实现 ……………………… 168
8.1　概述 ……………………………………………………………………… 168
8.2　功能列表 ………………………………………………………………… 168
8.3　功能设计与实现 ………………………………………………………… 169
　　8.3.1　水位实时动态变化演示 ………………………………………… 169
　　8.3.2　断面法库容计算 ………………………………………………… 174
　　8.3.3　地形法库容计算 ………………………………………………… 176
　　8.3.4　静库容成果分析 ………………………………………………… 179
　　8.3.5　库容高程曲线 …………………………………………………… 181
　　8.3.6　实时库容分析 …………………………………………………… 183
　　8.3.7　初步设计成果库容对比曲线 …………………………………… 185

第9章　一维泥沙冲淤数模成果表现与动态演示模块设计及实现 …………… 187
9.1　概述 ……………………………………………………………………… 187
9.2　功能列表 ………………………………………………………………… 187
9.3　功能设计与实现 ………………………………………………………… 187
　　9.3.1　一维泥沙成果预测 ……………………………………………… 187
　　9.3.2　一维泥沙冲淤成果展示 ………………………………………… 190

附录 …………………………………………………………………………… 193
　　附录1　数据提交标准 ………………………………………………… 193
　　附录2　矢量图形分层标准 …………………………………………… 208
　　附件3　数据库数据表结构清单 ……………………………………… 219

参考文献 ……………………………………………………………………… 237

第1章 概　　述

1.1　地理信息系统概况

地理信息系统(GIS, Geographic Information System)是一门综合性学科,结合地理学与地图学以及遥感和计算机科学,已经广泛地应用在不同的领域,是用于输入、存储、查询、分析和显示地理数据的计算机系统。随着 GIS 的发展,也有称 GIS 为"地理信息科学"(Geographic Information Science);近年来,也有称 GIS 为"地理信息服务"(Geographic Information Service)。GIS 是一种基于计算机的工具,它可以对空间信息进行分析和处理(简而言之,是对地球上存在的现象和发生的事件进行成图和分析)。GIS 技术把地图这种独特的视觉化效果和地理分析功能与一般的数据库操作(例如查询和统计分析等)集成在一起。

地理信息系统通常主要由四个部分组成:①存储处理和表示数据的硬件;②管理和分析数据、获取所需信息的软件;③描述客观对象并被储存于信息分类中的相关地理数据;④使用信息系统的部门,它们的管理和使用方法以及各组织间的联系。地理信息系统是一种用来管理、分析空间数据的空间数据库管理系统,几乎所有使用空间数据和空间信息的部门都可以应用 GIS。

目前,GIS 成为以应用为基础、市场为导向、软件为核心的产业,被应用到城市规划与管理、社会调查与统计分析、环境保护与管理、土地管理、地理测绘与管理、交通与管道管理等与空间信息密切相关的各个方面。其中,水利信息化建设数据量大,而且类型多,70%以上与空间地理位置相关,充分利用地理信息系统的作用将极大地促进水利现代化的建设步伐。水利部早在"十五"规划中就明确指出:"建设水利信息系统时,要以地理信息系统(GIS)为框架。"在水利信息化系统建设中,GIS 是系统构建的框架,是辅助决策的工具和成果展示的平台,不仅可以用于存储和管理海量水利信息,还可用于水利信息的可视化查询与发布,其空间分析能力甚至可以直接为水利决策提供辅助支持。国内水利行业应用 GIS 经历了认识了解、初步应用和结合 GIS 技术进行深入研究三个阶段。随着 GIS 在水利领域应用范围的不断扩大,其应用层次也逐渐深入,从最初的只注重数据的可视化,发挥查询、检索和空间显示功能,到成为分析、决策、模拟甚至预测的工具,在防汛减灾、水资源管理、水环境和水土保持等方面都得到了广泛应用。

1.2　地理信息系统在水利中的应用

1.2.1　在防洪减灾中的应用

我国幅员辽阔,自然地理地貌十分复杂,洪涝灾害发生频繁,使国家和个人都蒙受了很大的经济损失。随着社会经济和科学技术的飞速发展,我国的防洪工作将逐步从"以洪水为敌"的控制洪水向体现水资源特性的洪水管理转变,全面建成覆盖全国的水利信息网络,其中防洪减灾属于重点应用系统。目前 GIS 技术在防洪减灾方面的应用主要有以下四种类型:

1. 防汛决策支持系统或信息管理系统的平台

在国家防汛指挥系统总体设计框架下,目前流域或省、自治区、直辖市的防汛决策支持系统或防汛信息管理系统都以 GIS 为平台。GIS 在这些系统中的作用主要体现在以下几个方面:

①空间数据处理、查询、检索、更新和维护;

②利用空间分析能力和可视化模拟显示为防汛指挥决策提供辅助支持;

③为各类应用模型提供实时数据;

④优化模型参数;

⑤预报预测和防汛信息及决策方案的可视化表达。

2. 灾情评估

在灾情评估中,GIS 作为基础平台,它充分利用了自己的查询和分析功能以及可视化模拟的能力,发挥了很多别的系统不具备的作用:

①基础背景数据(包括地理、社会、经济)的管理;

②空间和属性数据查询、检索、统计和显示的基础;

③灾情数据的提取和分析;

④灾情的模拟和可视化表达;

⑤对决策起辅助作用的工具。

3. 洪涝灾害风险分析与区划

洪涝灾害风险分析是分析不同强度的洪水发生概率及其可能造成的损失。它包括洪水的危险性分析,承灾体的易损性和损失评估。采用 GIS 技术,可以将上述三方面所涉及的诸多自然、地理和社会因子附上相应的权重进行空间叠加,是进行洪涝灾害风险分析与区划的有效手段。GIS 发挥的作用有:

①多源、多尺度和海量数据的管理;

②空间数据的叠加与综合处理;

③图形处理的特殊功能。

4. 城市防洪

由于城市社会经济地位和社会影响的特殊性,防洪工作尤其重要。同时由于许多城市都是依水而建和城市不透水面积大、产流量大等特点,防洪工作的难度比农村地区大,所以 GIS 在城市防洪中发挥的作用除了一般防洪减灾决策支持系统外，还利用其时空特征分析和高分辨率数据的处理功能在城市防洪减灾中发挥了更多更大的作用，目前比较突出的有以下几个方面：

①城市积水、退水的预报预测；

②现有排水设施（排水管网、泵站等）信息的管理；

③排水设施的规划、设计和施工管理；

④暴雨时空特征分析；

⑤以街道为统计单元和以街区为空间单元的社会经济数据空间展布；

⑥暴雨分布及积水街道分布的可视化显示；

⑦高分辨率、多层次、多源和更新频繁的数据的存储、维护和管理。

1.2.2 在水资源管理中的应用

我国水资源短缺，而且分布极不均匀。同时由于我们在社会经济飞速发展的过程中对环境保护不力，因此在资源型缺水的同时又加上水质型缺水，水资源严重短缺又存在水资源浪费。面对如此严峻的形势，水资源管理工作已经被赋予了维系社会经济可持续发展的历史性重任。由此也决定了必须用现代化的手段，实现以信息化为基础的技术来对水资源进行监控管理，才能解决好资源水利中的诸多复杂问题，这也为 GIS 提供了大显身手的机会。

水资源信息的面非常广，有水文气象、地理、地质、水质、水利工程、水处理工程，各行各业与生活需水量等。所有这些数据既有历史的，又有实时或现状的，从性质上决定了其具有多源、多时相、多种类和动态这几个基本特征。水资源信息管理系统发挥了从时间、空间上了解水资源的现状与变化，通过模拟可视化直观地表示水资源状况，有助于让研究人员和决策人员了解水资源的变化规律，通过信息处理和分析，提供管理的基础信息与手段，完善水资源信息的管理与更新，实现数据共享。在水资源信息管理系统中 GIS 发挥的作用大致有以下几个方面：

①历史数据管理和实时数据的动态采集和加载；

②信息的空间与属性双向查询和分析；

③时空统计；

④以多种方式直观地可视化表达各类信息的空间分布及模拟动态变化过程；

⑤区域水资源的空间分析；

⑥区域水资源管理模式区划，如地下水禁采与限采区划、水环境区划等。

1.2.3 在水资源与水土保持中的应用

由于社会经济高速发展中过多的人类活动影响，我国的水系污染问题已经十分严重了，土壤侵蚀面积达国土面积的 20% 以上，而土壤侵蚀本身也是造成水系污染的主要因素之一。为了进一步了解和监测水环境和水土保持的情况，水利部门已有包括 170 多个主要测站的全国水环境信息管理系统，有如广东那样的省级系统，有如三峡库区那样的区域性系统，也有如九洲江那样的江河级系统。水环境信息管理系统是空间决策支持系统的基础或者是组成部分，而 GIS 是其基础，同时也是提取数据和显示数据的平台。这些以 GIS 技术为支撑的信息管理系统和空间决策支持系统的功能主要有以下几个方面：

①自然、地理、社会经济等基础背景数据，水利工程与设施，监测站点，水质与水量的历史与实时数据，水环境评价等级，水质标准及法规和条例，决策项目和边界条件数据，水污染预测数据的采集和管理；

②建立空间数据和属性特征的拓扑关系，用来进行数据的双向查询；

③通过对区域或上下游水质的空间分析，找出某水质参数严重超标的污染源；

④各类数据的可视化表达和可视化共享；

⑤水质水量模拟与预测；

⑥污染排放管理与控制；

⑦取水口位置最优化选择和各类突发事件的处理方案及优化。

1.3 水利行业应用发展趋势

GIS 在水利行业中的应用随着各种信息技术的发展和人们认识的转变而不断加深，发展趋势也呈现出多方面的特点：

①多媒体技术与数据库、通信技术和知识信息处理相结合，开发界面友好、具有一定智能的决策支持系统，与计算机图形模拟技术和 GIS 结合来解决水利行业管理中的实际问题。

②引入神经元网络技术、模糊控制理论及人工智能理论，集成专家系统(ES)与地理信息系统，将使 GIS 在水利信息化中的应用进入全新的领域。

③网络技术发展和信息高速公路的建设促进具有统一规范标准的多级、分布式具有网络通信功能的地理信息系统的发展，将更有利于处理具有分布式特点的水利问题。

④利用全球定位系统(GPS)的实时定位功能和遥感(RS)大面积同步数据收集功能，与 GIS 强大的空间分析功能相结合，3S 集成技术在水利信息化中将发挥重要作用。

⑤现代无线通信技术的发展，使得在移动终端上开发实时数据接收与分析的地理信息系统成为可能，对于水利信息化也有着重要意义。

1.4 三峡库区及泥沙概况

三峡水库，是三峡水电站建成后蓄水形成的人工湖泊，总面积达 1084 平方千米，范围涉及湖北省和重庆市的 21 个县市，串流 2 个城市、11 个县城、1711 个村庄，其中有 150 多处国家级文物古迹，库区受淹没影响人口共计 84.62 万人，搬迁安置的人口有 113 万。淹没房屋总面积 3479.47 万平方米。175 米正常蓄水位高程，总库容 393 亿立方米，形成总面积达 1084 平方千米的人工湖泊。三峡库区是指受长江三峡工程淹没的地区，并有移民任务的 20 个县(市)。库区地处四川盆地与长江中下游平原的结合部，跨越鄂中山区峡谷及川东岭谷地带，北屏大巴山、南依川鄂高原。

根据长江水利委员会 2015 年底对外发布的《长江泥沙公报》，三峡库区淤积泥沙情况远好于预期，2014 年库区淤积泥沙仅 0.449 亿吨，仅为原预测值的一成多。这一数字仅为原预测值 3.3 亿~3.5 亿吨的一成多；水库排沙比为 19.0%。专家表示，三峡水库泥沙淤积量少于预期，有利于延长水库使用寿命和综合效益的发挥。

长江三峡水库水下实测地形表明，水库蓄水以来，横断面以主槽淤积为主；从沿程变化来看，94.1% 的淤积量集中在宽谷段，且以主槽淤积为主；窄深段淤积相对较少或略有冲刷；深泓最大淤高 64.6 米。

同时，《长江泥沙公报》分析了三峡库区泥沙淤积减少的原因，主要是上游水库群拦截泥沙、水土保持和退耕还林减少了水土流失面积、上游降雨量总体偏少等因素导致水库上游来沙大幅减少。三峡水库采用了"蓄清排浑"的运行方式，使得汛期约三成的泥沙被排除在库外。此外，长江水利委员会通过科学调度，在汛期开展沙峰调度，有效减少了水库的泥沙淤积。

第2章 系统开发过程及特点

2.1 系统需求分析

长江三峡水利枢纽是世界罕见的大型多目标水利工程,具有防洪、发电、航运、供水和旅游等巨大的综合效益。水库淤积问题是水库发挥综合效益的重要制约因素。因此,如何减少水库泥沙淤积,减轻其对航道、港口、码头等的影响,同时延长水库的使用寿命,是今后相当长一段时期内三峡水库科学调度所面临的关键技术问题之一。

近年来,中国长江三峡集团公司和长江水利委员会水文局研究建立了水文泥沙信息分析管理系统、库尾泥沙冲淤实时分析系统,初步实现了三峡水库水文泥沙整编数据和河道地形数据的统一管理,以及水库库尾河段实时泥沙冲淤分析,提高了分析成果的时效性、准确性,并在三峡水库科学调度中得到成功应用。

随着科技水平和三峡水库为核心的大型水库群联合调度要求的逐步提高,在已有系统的基础上,进一步利用三峡水库已累积的大量的水文泥沙、河道地形实时监测数据和 GIS技术及三维仿真技术,结合三峡水库为核心的水库群联合调度会商平台建设的要求,研究建立三峡水库泥沙冲淤变化三维动态演示系统,对新水沙条件和水库群联合调度下三峡水库泥沙冲淤变化进行更为及时、高效的计算分析是十分必要的。通过研究,可以更加及时、形象、逼真地展现水文泥沙冲淤变化过程,可实现测绘成果保密与共享、监测数据与三维球体快速浏览瓶颈体之间的融合与统一,可填补大型水库泥沙冲淤三维动态分析与演示的空白。研究既可实现三峡水库主要控制站水沙整编数据、实时监测与报汛数据和库区地形、固定断面数据的实时入库与科学管理,实现库区实测泥沙冲淤的实时动态演示与定量分析,还可利用三峡库区水沙一维数学模型,通过三维平台动态实时演示水库实时调度过程中库区水沙输移和泥沙冲淤变化过程,提示库区泥沙的输移规律,指导三峡水库的实时调度,为水库最大限度地发挥防洪、发电和航运等综合效益服务。

2.2 研究内容

2.2.1 研究目标

通过本研究,实现库区河道水沙资料的高效管理;通过三维动态计算与仿真,可以更加形象、逼真地展现水文泥沙冲淤变化过程,指导三峡水库的实时调度,为水库最大限度地发挥防洪、发电和航运等综合效益服务。主要目标包括:

①实现三峡水库进出库水沙、库区固定断面和地形数据的统一、高效和科学、安全管理，为三峡水库科学调度提供及时、准确的基础水沙数据保障。

②结合历年水文泥沙、库区地形、固定断面监测数据和三维 GIS 平台，重点实现三峡水库泥沙冲淤变化过程，局部河段河床地形变化的二、三维动态计算和展示，为三峡水库的科学调度提供科学、方便、快捷的实时分析计算工具。

③运用三峡水库一维水沙数学模型计算成果，利用二、三维动态展示技术，实现三峡水库实时调度过程中的泥沙冲淤变化的动态演示，为三峡工程调度运行与管理提供参考。

2.2.2 主要研究内容

收集整理三峡水文泥沙、库区地形监测数据，建立库区河道地形、水沙综合数据库，将 GIS 技术、三维仿真与可视化技术与三峡水库水沙数学模型相结合，开发三峡水库泥沙冲淤变化三维动态演示系统，形象、逼真地展现水文泥沙冲淤变化过程，为三峡水库防洪发电、科学调度、科学管理提供技术支撑和参考。主要研究内容包括：

(1)收集、整理资料与数据库建设

系统收集整理长系列三峡水库水文泥沙观测数据、河道地形及固定断面数据，结合水沙实时监测数据和数据保密技术，建立统一、高效、科学、安全的河道地形与水沙数据库管理系统。

(2)实测资料，对泥沙冲淤变化进行分析、计算与动态演示

利用三维 GIS 平台，进行基础水沙信息查询，结合三峡水库实测地形，实时提供三峡水库沿程、局部重点河段河床地形三维图，实现三峡水库局部河段泥沙冲淤量、河床冲淤面积、冲淤厚度等计算功能及泥沙冲淤变化的三维动态展示，绘制不同时期库区任意横、纵剖面和库段泥沙冲淤变化分布云图，制作分段冲淤量、冲淤速率等统计图表。

(3)库容分析计算与动态演示

结合三维仿真与可视化技术，实现三峡水库不同坝前水位下库区水面范围与面积和水库库容的自动演算和动态演示。

(4)水沙数学模型计算与动态演示

运用三峡水库一维水沙数学模型计算模拟成果，利用二、三维动态展示技术，实现三峡实时水库调度过程中的泥沙冲淤变化的动态演示。

2.3　开发研究思路

在已有三峡水库一维水沙数学模型、GIS 水文泥沙分析与管理系统研究的基础上，结合"金沙江下游梯级水电站水文泥沙数据库及信息管理分析系统"和"三峡水库库尾泥沙冲淤实时分析系统"等多个专业的水沙及河道地形信息分析与管理模式，利用计算机网络、仿真和数据库管理技术，建立三峡水库泥沙冲淤变化三维动态演示系统，多视角实时掌握、模拟水库水沙变化和河床冲淤变化过程，为三峡水库科学调度管理提供高效服务。主要开发研究思路如下：

①建立空间与属性数据一体化管理的三峡水库水沙与河道地形数据库管理系统。收集

三峡水库进出库水沙整编资料、河道地形以及断面数据等，结合实时报汛、水沙监测数据，在与中国长江三峡集团公司现有系统数据库存储格式兼容的基础上，统一数据存储格式及传输规范，数据库结构采用行业标准表结构，无标准的，遵循数据库规范和参照行业标准设计；与一维泥沙数学模型预测分析成果等通过数据处理终端接入系统提供的入库接口或通过指定的数据库访问端口进行调用；开展工艺规程制订，进行数据整理、DEM 生成、数据入库等。

②通过综合监测成果，结合理论分析，分析库区河段水沙特性，利用已开发的三峡库区一维水沙数学模型，参考以往各种条件下已有的三峡水库的淤积成果和河床演变分析方法，建立泥沙冲淤变化过程和河床地形变化的演示模型，开展不同条件下三峡水库运用后库区的冲淤变化过程分析，为三维动态计算和仿真提供大范围、长序列的数据支持。对局部重点河段如重庆主城区、洛碛、黄花城、青岩子、坝前段等开展更高精度的河床冲淤变化分析与三维动态演示。

③进行应用系统开发。按照软件工程的要求，将整个系统的开发过程分为需求分析、系统设计、系统编码和测试、系统运行和维护四个阶段进行。需求分析阶段主要明确系统要解决的主要问题和建设目标，结合已有水沙分析成果和系统开发成果、数据安全性要求，完成系统的可行性研究。系统设计阶段首先根据系统需求确定系统的主要功能和性能，结合公司现有系统体系架构，确定系统的边界和结构体系，选定软硬件平台；然后在系统概要设计的基础上进行系统的详细设计，深入描述系统的功能和性能，并提出实现系统的具体技术方案。系统编码和测试阶段主要是通过对系统进行编码和测试满足系统功能和性能的需要。系统运行和维护阶段主要是根据用户的使用需求对系统运行中存在的问题和不足进行改正性维护、适应性维护和完善性维护，为系统的运行提供必要的服务。

④完成系统集成，将硬件平台、网络设备、操作系统、开发的应用软件，集成、融合为功能和信息相互关联的、统一和协调的系统之中，使资源达到充分共享，实现集中、高效、便利、安全的管理，并部署安装，进行系统运行。

2.4　系统开发过程

系统的设计研发经历了前期调研、需求分析、系统设计、编码实现、集成安装与试运行等各阶段的工作。按系统研发合同要求按时完成了三维浏览与信息查询、实测地形冲淤变化分析与动态演示、实测地形库容计算与动态演示、一维泥沙冲淤数模成果表现与动态演示、数据库管理五大功能的设计研发，并通过了计算机软件产品质量检测机构——湖北华仲软件测评服务有限公司的第三方测试。

该系统研发从 2016 年 1 月开始，历经 12 个月的时间，其中前期调研、数据准备与整理入库历时 2 个月，系统开发用时 9 个月，系统试运行 1 个月。在系统研发过程中，多次召开正式会议和工作交流会，各级领导、专家、项目管理人员提出了多项建议和意见，不断帮助提升技术水准，持续助推、优化软件的开发和研制；技术开发人员根据各次会议与各类交流的精神、客户需求及实际运行情况，多次修改、补充研发方案，完善和改进系统和技术文档，开发完成了系统的 5 个子系统，十余个模块，数万行代码，编写了 31 期的工作周报和 4 期季报，整理入库海量水文泥沙记录和空间数据、数千平方千米的河道地形 DEM，制定了翔实的各类数据格式要求和编码标准。

2.5 系统开发难点

系统开发难点包括以下几个方面：

(1)大规模的河道地形地貌的有效组织管理与调度渲染

本系统使用的长江流域的地形地貌数据以及河道地形数据达 5TB，如何有效地对这些数据进行组织，并快速在客户端调度与绘制是系统要解决的最基本的技术难点。在本系统中，可以漫游任何场景流域的三维地貌与河道地形，用户在漫游过程中，系统不断地计算与判断当前的地理位置，以此地理位置为中心，向四周逐渐降低分辨率，来向服务端请求相应的地形地貌数据，并且快速完成三维建模与渲染，并展现给用户。对用户来讲，浏览的场景是一个无缝的三维虚拟场景，但对于软件来讲，是一系列的快速数据请求、下载、建模、渲染的过程，面对 5TB 的数据，如何做到实时、快速是本系统的一大难点。

(2)局部任意实测地形的实时冲淤动态计算与展示

实测地形在数据库中以"北京 54"投影分段存储，要实现任意实测地形的冲淤计算，需要首先有效通过空间、属性检索快速获取原始数据(通过多边形来确定需要观察的区域，然后再在多边形内部进行测次查询)，其次对数据进行合并、裁剪，再次进行冲淤计算(往往查询的多边形会跨越多个矩形分块，因此必须对不同的矩形分块根据多边形与矩形的关系进行裁剪，然后再把每个矩形裁剪的结果进行合并，合并后的整块结果才是冲淤计算需要的输入数据)，然后进行投影变换为 WGS-84 坐标系，再把多个测次的数据进行冲淤计算，最后再发送到客户端进行动态展示。这个流程里面涉及一系列的难题，包括基于多边形的数据检索、分段数据的裁剪、合并、投影转换、三维客户端的动态展示方法等。

(3)B/S 模式下大数据量地形分析的高效运算

作为一个 B/S 模式下的系统，用户在多数情况下希望能够"即查即得"，而基于实测地形的库容(或冲淤分析)，实时计算下是一个与数据库交互量、程序运算量、系统资源占用量均较大的功能。在通常情况下仅计算数十千米长的河段，其计算时间也需数十秒，在更大的计算范围下，计算耗时会呈几何增加，并不能满足作为一个以三维查询展示为主的系统所应有的用户体验；数以 GB 级的 DEM 同时调入计算，使有限的服务器资源愈加紧张，大级别的数据吞吐量与网络带宽的矛盾，不适合 B/S 模式下的多人并发查询、运算。在此情况下，需要对河道地形的存储与库容的计算分别进行优化。通过改变河道地形 DEM 的存储结构，以项目为单位大范围存储变为小范围分块固定单位存储，使得计算时间随计算范围呈线性变化，单用户计算时消耗服务器资源与网络带宽始终维持在较低的水平。

(4)基于一维数模程序与本系统的集成

基于一维数模程序的泥沙冲淤变化成果表现与动态演示模块主要是根据一维数学模型程序计算生成结果，因现掌握的模型算法程序为 Fortran 语言编写并编译为可执行程序，若重新移植到 Java 平台下不仅会造成极大的移植困难，而且程序的运算效率还会较在 Fortran 环境下降低；另外，在大量的计算参数、基础数据(如断面、边界条件等)均需通过本系统传输给模型计算程序的情况下，系统与模型计算程序的内部数据的交互与外部数据的传递是该模块开发的难点。

2.6　系统主要特点

系统主要特点包括以下几个方面：

(1)以流程化的形式自动生成任意测次的地形渲染图以及冲淤图

在本系统之前，如果要查看一段河道局部地形指定测次的河道地形或者冲淤结果，需要先在数据库中人工检索数据，然后把检索到的数据导出，然后再用外部软件进行地形图渲染或者进行冲淤计算与结果表达，这是非常低效与困难的事情。本系统首次提出了以流程化的形式自动生成任意测次的地形渲染图及冲淤图，即现在如果用户需要某个局部区域的河道地形或者冲淤结果，那么只需要用户在系统中使用鼠标拖拽一个多边形区域，系统会自动过滤出所有与这个多边形相交的测次数据，然后用户只需要再选择对应测次，即可获得相应的河道地形图或者冲淤结果图，这与传统方法相比，极大地提高了工作效率。

(2)以矩形分块的形式组织河道地形

为实现大数据量下的库容计算冲淤分析的计算时间随计算范围呈线性变化，单用户计算时消耗服务器资源与网络带宽始终维持在较低的水平，对原始的按项目与测次生成的大范围、长河段的 DEM 按一定形式进行分割并重新组织。

系统规定 DEM 格式为 NSDTF-DEM，由实测河道地形矢量图转换生成并压缩后存储在数据库中的"DEM_INFO"数据表中，主要包含项目、测次、带号、DEM 起点坐标、网格间距、X、Y 方向的网格数等字段与存放 DEM 数据压缩包的 BLOB 大字段。

为避免换带运算带来的误差，系统将同一项目下每个测次地形均分带进行存储。入库前，还需按项目的测次和带号制作其边界作为 DEM 生成的有效范围。

三峡库区及坝下游地形数据的比例尺有 1：10000、1：5000、1：2000，将矢量图生成 DEM 时网格大小分别为 10m×10m，5m×5m，2m×2m。根据当前硬件性能，经过试验将河道地形分块生成最大边长为 2000 个网格的长方形 DEM，使得运算能力、网络传输、内存消耗等计算机资源得到最优利用。

(3)基于河道地形的分段分级库容成果化处理

为更加快速地查询不同区间的分级库容，系统按用户需求将全库区分为常用的 34 个区间段，并将 3 个测次三峡水库淹没范围内的分段分级库容成果存储在数据库中，这样使得在计算某分段范围内的静库容或进行初步动库容分析时无须再通过该区域的实测 DEM 进行实时的复杂运算，仅通过查询数据库中的相关库容成果数据进行简单加减运算即可得到相同的结果，极大地提高了计算效率。

(4)以 B/S 形式构建本系统

以往与河道地形管理、分析相关的系统都是 C/S 模式，C/S 模式虽然容易开发，但是其缺点明显，这在本系统的架构设计中进行了详细描述，具体可以参考相关章节。本系统使用 B/S 架构系统，最大的优势就是部署方便，容易推广，B/S 模式下，复杂的业务导致客户端异常冗繁、客户端安装过程繁琐、用户心里排斥的情况不复存在；B/S 模式下，只需要部署好服务器，然后向用户发布系统首页地址，凡是可以访问到服务器和有权限的用户，都可以方便地使用系统，当系统升级时，只需要简单升级服务器，客户端不需要做任何调整或者安装更新，因此 B/S 模式为系统提供了强大的生命力。

第3章 关键技术与算法

3.1 GIS/3DGIS

3.1.1 GIS

地理信息系统(GIS，Geographic Information System)是一门综合性学科，结合地理学与地图学以及遥感和计算机科学，已经广泛地应用在不同的领域，是用于采集、存储、处理、分析、检索和显示空间数据的计算机系统，与地图相比，GIS 具备的先天优势是将数据的存储与数据的表达进行分离，因此基于相同的基础数据能够产生出各种不同的产品。

什么是信息(Information)？1948 年，美国数学家、信息论的创始人香农(Claude Elwood Shannon)在题为《通讯的数学理论》的论文中指出："信息是用来消除随机不定性的东西"；1948 年，美国著名数学家、控制论的创始人维纳(Norbert Wiener)在《控制论》一书中指出："信息就是信息，既非物质，也非能量。"狭义信息论将信息定义为"两次不定性之差"，即指人们获得信息前后对事物认识的差别；广义信息论认为，信息是指主体(人、生物或机器)与外部客体(环境、其他人、生物或机器)之间相互联系的一种形式，是主体与客体之间的一切有用的消息或知识。我们认为信息是通过某些介质向人们(或系统)提供关于现实世界新的事实的知识，它来源于数据且不随载体变化而变化，它具有客观性、实用性、传输性和共享性的特点。

信息与数据既有区别，又有联系。数据是定性、定量地描述某一目标的原始资料，包括文字、数字、符号、语言、图像、影像等，它具有可识别性、可存储性、可扩充性、可压缩性、可传递性及可转换性等特点。信息与数据是不可分离的，信息来源于数据，数据是信息的载体。数据是客观对象的表示，而信息则是数据中包含的意义，是数据的内容和解释。对数据进行处理(运算、排序、编码、分类、增强等)就是为了得到数据中包含的信息。数据包含原始事实，信息是数据处理的结果，是把数据处理成有意义的和有用的形式。

地理信息作为一种特殊的信息，它同样来源于地理数据。地理数据是各种地理特征和现象间关系的符号化表示，是指表征地理环境中要素的数量、质量、分布特征及其规律的数字、文字、图像等的总和。地理数据主要包括空间位置数据、属性特征数据及时域特征数据三个部分。空间位置数据描述地理对象所在的位置，这种位置既包括地理要素的绝对位置(如大地经纬度坐标)，也包括地理要素间的相对位置关系(如空间上的相邻、包含等)。属性数据有时又称非空间数据，是描述特定地理要素特征的定性或定量指标，如公路的等级、宽度、起点、终点等。时域特征数据是记录地理数据采集或地理现象发生的时刻或时段。时域特征数据对环境模拟分析非常重要，正受到地理信息系统学界越来越多的重视。空间位置、属性及时域特征构成了地理空间分析的三大基本要素。

地理信息是地理数据中包含的意义，是关于地球表面特定位置的信息，是有关地理实体的性质、特征和运动状态的表征和一切有用的知识。作为一种特殊的信息，地理信息除具备一般信息的基本特征外，还具有区域性、空间层次性和动态性特点。

当今社会，人们非常依赖计算机以及计算机处理过的信息。在计算机时代，信息系统部分或全部由计算机系统支持，因此，计算机硬件、软件、数据和用户是信息系统的四大要素。其中，计算机硬件包括各类计算机处理及终端设备；软件是支持数据信息的采集、存贮加工、再现和回答用户问题的计算机程序系统；数据则是系统分析与处理的对象，构成系统的应用基础；用户是信息系统所服务的对象。

从 20 世纪中叶开始，人们就开始开发出许多计算机信息系统，这些系统采用各种技术手段来处理地理信息，它包括：

①数字化技术：输入地理数据，将数据转换为数字化形式的技术；

②存储技术：将这类信息以压缩的格式存储在磁盘、光盘以及其他数字化存储介质上的技术；

③空间分析技术：对地理数据进行空间分析，完成对地理数据的检索、查询，对地理数据的长度、面积、体积等的量算，完成最佳位置的选择或最佳路径的分析以及其他许多相关任务的方法；

④环境预测与模拟技术：在不同的情况下，对环境的变化进行预测模拟的方法；

⑤可视化技术：用数字、图像、表格等形式显示、表达地理信息的技术。

由于不同的部门和不同的应用目的，GIS 的定义也有所不同。当前对 GIS 的定义一般有四种观点：即面向数据处理过程的定义、面向工具箱的定义、面向专题应用的定义和面向数据库的定义。Goodchild 把 GIS 定义为"采集、存贮、管理、分析和显示有关地理现象信息的综合技术系统"。Burrough 认为"GIS 是属于从现实世界中采集、存储、提取、转换和显示空间数据的一组有力的工具"，俄罗斯学者也把 GIS 定义为"一种解决各种复杂的地理相关问题，以及具有内部联系的工具集合"。面向数据库的定义则是在工具箱定义的基础上，更加强调分析工具和数据库间的连接，认为 GIS 是空间分析方法和数据管理系统的结合。面向专题应用的定义是在面向过程定义的基础上，强调 GIS 所处理的数据类型，如土地利用 GIS、交通 GIS 等；我们认为地理信息系统是在计算机硬、软件系统的支持下，对整个或部分地球表层（包括大气层）空间中的有关地理分布数据进行采集、储存、管理、运算、分析、显示和描述的技术系统。它和其他计算系统一样包括计算机硬件、软件、数据和用户四大要素，只不过 GIS 中的所有数据都具有地理参照，也就是说，数据通过某个坐标系统与地球表面中的特定位置发生联系。

地理信息系统简称 GIS，多数人认为是 Geographical Information System（地理信息系统），也有人认为是 Geo-information System（地学信息系统），等等。人们对 GIS 的理解在不断深入，内涵在不断拓展，"GIS"中，"S"的含义包含四层意思：

一是系统（System），是从技术层面的角度论述地理信息系统，即面向区域、资源、环境等规划、管理和分析，是指处理地理数据的计算机技术系统，但更强调其对地理数据的管理和分析能力，地理信息系统从技术层面意味着帮助构建一个地理信息系统工具，如给现有地理信息系统增加新的功能或开发一个新的地理信息系统或利用现有地理信息系统工具解决一定的问题，如一个地理信息系统项目可能包括以下几个阶段：

①定义一个问题；

②获取软件或硬件；

③采集与获取数据；

④建立数据库；

⑤实施分析；

⑥解释和展示结果。

这里的地理信息系统技术（Geographic information technologies）是指收集与处理地理信息的技术，包括全球定位系统（GPS）、遥感（Remote Sensing）和 GIS。从这个含义看，GIS 包含两大任务，一是空间数据处理；二是 GIS 应用开发。

二是科学（Science），是广义上的地理信息系统，常称之为地理信息科学，是一个具有理论和技术的科学体系，意味着研究存在于 GIS 和其他地理信息技术后面的理论与观念（GIScience）。

三是代表着服务（Service），随着遥感等信息技术、互联网技术、计算机技术等的应用和普及，地理信息系统已经从单纯的技术型和研究型逐步向地理信息服务层面转移，如导航需要催生了导航 GIS 的诞生，著名的搜索引擎 Google 也增加了 Google Earth 功能，GIS 成为人们日常生活中的一部分。当同时论述 GIS 技术、GIS 科学或 GIS 服务时，为避免混淆，一般用 GIS 表示技术，GIScience 或 GISci 表示地理信息科学，GIService 或 GISer 表示地理信息服务。

四是研究（Studies），即 GIS = Geographic Information Studies，研究有关地理信息技术引起的社会问题，如法律问题，私人或机密主题，地理信息的经济学问题等。

因此，地理信息系统（Geographic Information System，GIS）是一种专门用于采集、存储、管理、分析和表达空间数据的信息系统，它既是表达、模拟现实空间世界和进行空间数据处理分析的"工具"，也可看作是人们用于解决空间问题的"资源"，同时还是一门关于空间信息处理分析的"科学技术"，因此在水利水文中有重要作用。

3.1.2　3DGIS

3DGIS 是三维 GIS 的简称，是 GIS 的三维化技术，它是一个三维空间地理信息系统，能实现实时反射、实时折射、动态阴影等高品质、逼真的实时渲染 3D 图像。3DGIS 被广泛应用于智慧城市建设、环境评估、灾害预测、国土管理、城市规划、邮电通信、交通运输、军事公安、水利电力、公共设施管理等领域。

3DGIS 的主要功能如下：

（1）快速真实再现三维景观

根据现有的规划图、遥感影像及相关属性数据，并对现状进行实际考察，使用软件大量生成及用 3ds Max 个别建模的方式，现状与规划相结合，快速真实再现城市、地貌的三维场景。

（2）三维场景实时操作

可利用 3DGIS 平台方便地对三维场景进行各种操作：包括场景放大、缩小、移动、旋转，可直接使用工具实时操作，也可通过设置参数来实现。

（3）属性信息快速查询

与二维 GIS 相比，3DGIS 可以查询更丰富的信息，如室内查询、三维要素结构内部查询、地下信息查询等。

（4）三维视觉观察

可根据自己的需要，通过设定键沿任意路线、任意方向前进、后退，并可实时改变视角、视野、视距、飞行角度和高度等。

（5）飞行浏览

可以根据需要，预先设计好线路，并设定好相关参数（包括视角、视野、视距、飞行高度、速度等），飞行时观察者的视线就会沿着设定好的线路走，在飞行过程中，还可实时改变各种参数。

（6）三维计算与分析

由于 3DGIS 比二维 GIS 多了一维的信息，因此通过 3DGIS 可以实现非常多的二维 GIS 不具备的计算与分析功能。

（7）大规模三维数据的组织、更新与维护能力

与二维 GIS 相比，3DGIS 的数据可以用海量来形容，因此对如此大规模数据的组织、更新、维护能力是 3DGIS 的必要条件。

本系统的研究目标是长江河道地形的管理与分析，背景是全长江流域的三维地貌，并叠加相关水系、行政矢量数据，进行相关 GIS 计算与分析，因此可以说 GIS/3DGIS 是本系统的基础。

3.2 三维虚拟仿真

3.2.1 概念

虚拟仿真（Virtual Reality），又称三维虚拟仿真，就是用一个系统模仿另一个真实系统的技术。虚拟仿真实际上是一种可创建和体验虚拟世界（Virtual World）的计算机系统。此种虚拟世界由计算机生成，可以是现实世界的再现，亦可以是构想中的世界，用户可借助视觉、听觉及触觉等多种传感通道与虚拟世界进行自然的交互。它是以仿真的方式给用户创造一个实时反映实体对象变化与相互作用的三维虚拟世界，并通过头盔显示器（HMD）、数据手套等辅助传感设备，提供用户一个观测与该虚拟世界交互的三维界面，使用户可直接参与并探索仿真对象在所处环境中的作用与变化，产生沉浸感。VR 技术是计算机技术、计算机图形学、计算机视觉、视觉生理学、视觉心理学、仿真技术、微电子技术、多媒体技术、信息技术、立体显示技术、传感与测量技术、软件工程、语音识别与合成技术、人机接口技术、网络技术及人工智能技术等多种高新技术集成之结晶。其逼真性和实

时交互性为系统仿真技术提供了有力的支撑。

3.2.2　特点

三维虚拟现实具有沉浸性(immersion)、交互性(interaction)和构想性(imagination)，使人们能沉浸其中，超越其上，出入自然，形成具有交互效能多维化的信息环境。

业界很多虚拟现实公司只能提供三维漫游等简单的视景开发支持，其拥有的几何模型干涉检查、交互操作支持等也非常简单，而为此特殊开发的专用模块不但价格昂贵，且源代码有限开放，难以满足用户个性化开发应用需求。真正的虚拟仿真应提供复杂场景图形、声音、交互操作、干涉检查等多方面的支持，从而可以简化应用系统的开发，提供应用系统的功能和性能。平台系统表现为一个视景和声音开发支撑平台和多个开发支持工具(几何对象干涉检查工具包、通用虚拟手开发工具包、粒子生成与控制工具、不规则几何体构造工具、流场可视化工具包)，可以为用户提供各类 VR 应用系统的开发。概括地说，虚拟现实是人们通过计算机对复杂数据进行可视化操作与交互的一种全新方式，与传统的人机界面以及流行的视窗操作相比，虚拟现实在技术思想上有了质的飞跃。

虚拟现实中的"现实"泛指在物理意义上或功能意义上存在于世界上的任何事物或环境，它可以是实际上可实现的，也可以是实际上难以实现的或根本无法实现的。而"虚拟"是指用计算机生成的意思。因此，虚拟现实是指用计算机生成的一种特殊环境，人可以通过使用各种特殊装置将自己"投射"到这个环境中，并操作、控制环境，实现特殊的目的，即人是这种环境的主宰。

3.2.3　在水利方面的应用

水利工程、水文本身都是三维空间的概念，因此水利信息化需要三维图形的表达仿真，经过多年的技术渗入与结合，虚拟仿真已经在水利的各个角落扎根，如水利工程相关的虚拟仿真应用、水力发电过程的仿真应用、大坝建设与规划的仿真应用、河岸河堤建设与维护的三维仿真应用、山洪泥石流的仿真应用、溃堤泄洪淹没的仿真应用、河道冲刷过程的仿真应用、河道洪水过程的仿真应用、抗洪救灾的仿真应用等。

3.2.4　在系统中的作用

本系统中涉及多个对河道地形变化过程的动态仿真，以及对洪水过程的仿真的需求，这些功能必须依靠三维虚拟仿真技术来支撑。

3.3　影像金字塔

3.3.1　概念

指在同一的空间参照下，根据用户需要以不同分辨率进行存储与显示，形成分辨率由粗到细、数据量由小到大的金字塔结构。影像金字塔结构用于图像编码和渐进式图像传输，是一种典型的分层数据结构形式，适合于栅格数据和影像数据的多分辨率组织，也是一种栅格数据或影像数据的有损压缩方式，如图 3-1 所示。

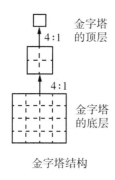

图 3-1　影像金字塔

从图中可以看出，从金字塔的底层开始，每四个相邻的像素经过重采样生成一个新的像素，依此重复进行，直到金字塔的顶层。重采样的方法一般有以下三种：双线性插值、最临近像元法、三次卷积法。其中最临近像元法速度最快，如果对图像的边缘要求不是很高的话，最适合使用该方法。三次卷积法由于考虑的参考点数太多、运算较复杂等原因，速度最慢，但是重采样后图像的灰度效果较好。

每一层影像金字塔都有其分辨率，比如说放大（无论是拉框放大，还是固定比例放大）、缩小、漫游（此操作不涉及影像分辨率的改变）计算出进行该操作后所需的影像分辨率及在当前视图范围内会显示的地理坐标范围，然后根据这个分辨率去和已经建好的影像金字塔分辨率匹配，哪层影像金字塔的分辨率最接近就用哪层的图像来显示，并且根据操作后当前视图应该显示的范围，来求取在该层影像金字塔上，应该对应取哪几块，然后取出来画上去就可以了。

金字塔是一种能对栅格影像按逐级降低分辨率的拷贝方式存储的方法。通过选择一个与显示区域相似的分辨率，只需进行少量的查询和少量的计算，从而减少显示时间。

3.3.2　在系统中的作用

本系统涉及对大规模地形、地貌、河道地形的栅格数据的管理需求，如何能够合理组织大规模的流域地形地貌以及河道地形数据并快速调度、三维绘制是本系统的关键。

3.4　地理坐标系统

3.4.1　地理坐标系的概念

地理坐标系（Geographic Coordinate System），是使用三维球面来定义地球表面位置，以实现通过经纬度对地球表面点位引用的坐标系。一个地理坐标系包括角度测量单位、本初子午线和参考椭球体三部分。

地理坐标系依据其所选用的本初子午线、参考椭球的不同而略有区别。

地理坐标系可以确定地球上任何一点的位置。首先将地球抽象成一个规则的逼近原始自然地球表面的椭球体，称为参考椭球体，然后在参考椭球体上定义一系列的经线和纬线构成经纬网，从而达到通过经纬度来描述地表点位的目的。需要说明的是，经纬地理坐标系不是平面坐标系，因为度不是标准的长度单位，不可用其直接量测面积长度。

经纬度通常分为天文经纬度、大地经纬度和地心经纬度。常用的经度和纬度是从地心到地球表面上某点的测量角。通常以度或百分度为单位来测量该角度，如图 3-2 所示。

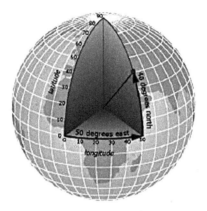

图 3-2　经纬度示意图

在球面系统中，水平线（或东西线）是等纬度线或纬线。垂直线（或南北线）是等经度线或经线。这些线包络着地球，构成了一个称为经纬网的格网化网络。

位于两极点中间的纬线称为赤道。它定义的是零纬度线。零经度线称为本初子午线。对于绝大多数地理坐标系，本初子午线是指通过英国格林尼治的经线。其他国家/地区使用通过伯尔尼、波哥大和巴黎的经线作为本初子午线。经纬网的原点（0，0）定义在赤道和本初子午线的交点处。这样，地球就被分为了四个地理象限，它们均基于与原点所成的罗盘方位角。南和北分别位于赤道的下方和上方，而西和东分别位于本初子午线的左侧和右侧。

通常，经度和纬度值以十进制度为单位或以度、分和秒（DMS）为单位进行测量。纬度值相对于赤道进行测量，其范围是 -90°（南极点）到 90°（北极点）。经度值相对于本初子午线进行测量。其范围是 -180°（向西行进时）到 180°（向东行进时）。如果本初子午线是格林尼治子午线，则对于位于赤道南部和格林尼治东部的澳大利亚，其经度为正值，纬度为负值。

3.4.2　坐标系统

常用的坐标系为地理坐标系（Geograpic Coordinate System，GCS）和投影坐标系（Projected Coordinate System，PCS）。

1. 地理坐标系统

地理坐标系统(GCS)用一个三维的球面来确定地物在地球上的位置,地面点的地理坐标由经度、纬度、高程构成。地理坐标系统与选择的地球椭球体和大地基准面有关。椭球体定义了地球的形状,而大地基准面确定了椭球体的中心。

下面是"1954 北京坐标系"地理坐标系统的空间参考描述:

Angular Unit:Degree(0.017453292519943299)

Prime Meridian:Greenwich(0.000000000000000000)

Datum:D_Beijing_1954

Spheroid:Krasovsky_1940

Semimajor Axis:6378245.000000000000000000

Semiminor Axis:6356863.018773047300000000

Inverse Flattening:298.300000000000010000

其中"Angular Unit:Degree(0.017453292519943299)"这行信息描述了该坐标系统的单位,此处为度。

"Datum:D_Beijing_1954"这行信息描述了坐标系统的大地基准面,此处为北京 1954 大地基准面,其坐标原点在苏联西部的普尔科夫。

后面几行信息描述了椭球体的参数,包括长、短半轴长度以及偏心率。

2. 投影坐标系统

投影坐标系统是根据某种映射关系,将地理坐标系统中由经纬度确定的三维球面坐标投影到二维平面上所使用的坐标系统。在该坐标系统中,点的位置是由(x,y,z)坐标来确定的。由于投影坐标是将球面展会在平面上,因此不可避免会产生变形。这些变形包括 3 种:长度变形、角度变形、面积变形。通常情况下,投影转换都是在保证某种特性不变的情况下牺牲其他属性。根据变形的性质可分为等角投影、等面积投影等。

我国的基本比例尺地形图(1:5000,1:1 万,1:2.5 万,1:10 万,1:25 万,1:50 万,1:100 万)中,大于或等于 1:50 万均采用高斯-克吕格投影(Gauss_Kruger),又叫横轴墨卡托投影(Transverse Mercator);1:100 万的地形图采用正轴等角圆锥投影,又叫兰勃特投影(Lambert Conformal Conic);海上小于 1:50 万的地形图多用正轴等角圆柱投影,又叫墨卡托投影(Mercator)。在开发 GIS 系统中应该采用与我国基本比例尺地形图系列一致的地图投影系统。

下面是"1954 北京坐标系"投影坐标系统的空间参考描述:

Projection:Gauss_Kruger

False_Easting:500000.000000

False_Northing:0.000000

Central_Meridian:99.000000

Scale_Factor:1.000000

Latitude_Of_Origin:0.000000

Linear Unit:Meter(1.000000)

Geographic Coordinate System:GCS_Beijing_1954

Angular Unit：Degree（0.017453292519943299）

Prime Meridian：Greenwich（0.000000000000000000）

Datum：D_Beijing_1954

Spheroid：Krasovsky_1940

Semimajor Axis：6378245.000000000000000000

Seminimor Axis：6356863.018773047300000000

Inverse Flattening：298.300000000000010000

其中"Projection：Gauss_Kruger"这行描述了投影的类型，表示当前投影为高斯-克吕格投影。"False_Easting：500000.000000"表示坐标纵轴向西移动了 500km，这样做是为了保证在该投影分带中所有 x 值都为正。"False_Northing：0.000000"表示横轴没有发生位移。"Central_Meridian：99.000000"表示中央经线位于经度为 99 度的位置。"Linear Unit：Meter（1.000000）"表示在该投影下坐标单位为 m。"Geographic Coordinate System："以下描述了投影源的地理坐标系统参数。可见每一个投影坐标系统都必会由一个地理坐标系统投影转化而成。

3.4.3　投影转换

投影转换就是通过数学模型将一个坐标系统转换到另外一个坐标系统，如"WGS-84 坐标系"转"1954 北京坐标系"或者"1954 北京坐标系"转"WGS-84 坐标系"。具体的数学转换模型根据投影坐标系的投影公式确定。

要投影转换的原因大多是，生产数据的坐标系统与应用系统的坐标系统不同，因此在使用前必须对数据进行坐标系统的投影转换。

3.4.4　在系统中的作用

由于本系统的河道地形数据的原始投影为北京 54 坐标系统，而 3DGIS 系统使用的是 WGS-84 坐标系统，因此在计算分析过程时，必须进行坐标系统的实时投影转换。

3.5　水文泥沙分析与预测关键算法

3.5.1　断面要素计算

1. 断面水面宽（B）计算

断面水面宽计算功能通过直接调用数据库中实测的断面（包括水文大断面和固定断面）地形数据，计算河道各断面在各级水位高程下的水面宽度，如图 3-3 所示。

① 当某水位 Z 下过水断面为单式（图中 EF 线）时，根据水位值（Z），用插值法计算 E、F 点起点距 LE、LF，两起点距差值（$LF-LE$）即为该水位时的水面宽；

② 当某水位下过水断面为复式（图中 AD 线）时，用插值法分别计算 A、B、C、D 点起点距（LA、LB、LC、LD），A、B 起点距差值（$LB-LA$）与 C、D 起点距差值（$LD-LC$）之和为该水位时水面宽。

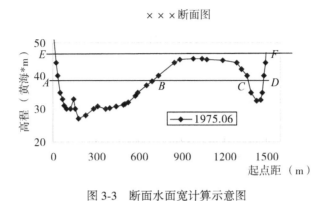

图 3-3 断面水面宽计算示意图

计算公式如式(3-1) 所示，其中 d_i 为第 i 和第 $i + 1$ 个采样点间的过水面宽(计算步骤见断面面积计算)：

$$B = \sum_{i=1}^{n-1} d_i \tag{3-1}$$

2. 断面面积 (A) 计算

断面地形法计算的关键是断面面积的计算，由于河道地形复杂，河道中还存在洲滩等地形，河道断面的形状也就不规则，没有现成的计算公式，只有根据断面起点距、相应高程、水位，以直线插值法计算。

某水位下过水断面一般为复式 (图 3-3 中 AD 线)或单式(图 3-3 中 EF 线)，用分段计算断面上邻近两点水位下的过水面积进行积分，即为某一水位下的断面面积。计算公式为：

$$A = \sum_{i=1}^{n-1} A_i \tag{3-2}$$

其中，A 为断面过水总面积；n 为断面采样点数；A_i 为两相邻(第 i 和 $i + 1$)采样点间水位下的过水面积。

断面面积的计算分以下几种情况分别处理，如图 3-4 所示是断面面积计算的几种情况：

①当两相邻采样点高程低于或等于水位时，其过水面积按下式计算：

$$d_i = l_{i+1} - l_i \tag{3-3}$$

$$A_i = \frac{1}{2}d_i\left[(z - z_i) + (z - z_{i+1}) \right] \tag{3-4}$$

其中，l_i 为第 i 采样点起点距；z 为计算水位；z_i 为第 i 个采样点高程；d_i 为第 i 和第 $i + 1$ 个采样点间的过水面宽。

②当两相邻采样点高程大于或等于水位时，其过水面积 A_i 为 0；

③当两相邻采样点高程介于水位之间时，需根据插值法求出相对于水位线的过水宽度 d_i，并计算水位下三角形的面积：

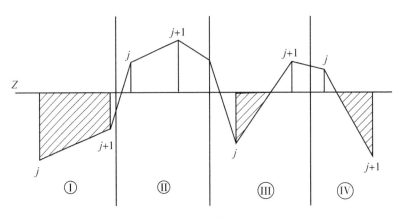

图 3-4　断面面积计算的几种情况

$$d_i = \frac{(z - z_{i+1})(l_{i+1} - l_i)}{z_i - z_{i+1}} \tag{3-5}$$

$$A_i = \frac{1}{2}(z - z_{i+1})d_i \quad (当 z_i > z > z_{i+1} 时) \tag{3-6}$$

或

$$d_i = \frac{(z_i - z)(l_{i+1} - l_i)}{z_i - z_{i+1}} \tag{3-7}$$

$$A_i = \frac{1}{2}(z - z_i)d_i \quad (当 z_i < z < z_{i+1} 时) \tag{3-8}$$

水面宽 B 为:

$$B = \sum_{i=1}^{n-1} d_i \tag{3-9}$$

3. 断面平均水深计算

利用前面的方法计算出在某一水位下断面的过水水面宽度和断面面积后,用面积除以宽度即为断面某一水位下的平均水深:

$$\overline{H} = A/B \tag{3-10}$$

4. 断面冲淤面积计算

某水位下同一断面两个不同时段 $(t_1 \to t_2)$ 的过水面积 A_1,A_2 的变化量。

$$\Delta A = A_1 - A_2 \tag{3-11}$$

$\Delta A > 0$ 时表示为淤,$\Delta A = 0$ 时表示断面冲淤基本平衡,$\Delta A < 0$ 时表示为冲。

5. 水面纵比降计算

水面纵比降计算提供任意两水文测站之间水面比降计算的功能。

根据上、下水文站同一时刻的水位 $Z_上$、$Z_下$ (单位: m)及上下测站间距 ΔL (单位: km)计算水面比降 J (10^{-4})。计算方法见下式:

$$J = 10 \times \frac{|Z_上 - Z_下|}{\Delta L} \tag{3-12}$$

3.5.2 水量计算

1. 径流量计算

径流量计算提供各水文测站任意时段内径流量计算功能。当 T 为 365 天或 366 天时，计算的是年径流量。

计算方法为：根据日均流量 Q_i（单位：m^3/s），天数 T，计算测站任意时段径流量（W，$10^8 m^3$）。计算过程见下式：

$$W = \sum_{i=1}^{T} Q_i \times \frac{864}{1000000} \tag{3-13}$$

2. 多年平均径流量计算

多年平均径流量计算提供各水文测站的多年平均径流量计算功能。

根据历年年径流量 W_i（单位：$10^8 m^3$），n 为计算时段的年数，采用算术平均的方法进行计算，其计算过程为：

$$\bar{W} = \frac{1}{n} \sum_{i=1}^{n} W_i \tag{3-14}$$

年径流量可直接从数据库中调用，也可根据径流量计算得到。

3. 水量平衡计算

根据上、下测站任意时段径流量 $W_上$、$W_下$（单位：$10^8 m^3$）及两测站间的区间（支流）来水量 $W_区$，计算该区间水量差值 ΔW 情况。计算过程见公式：

$$\Delta W = W_下 - W_上 - W_区 \tag{3-15}$$

3.5.3 沙量计算

1. 输沙量计算

输沙量计算提供泥沙监测断面控制区域内泥沙量计算功能。当 T 为 365 天或 366 天时，计算的是年输沙量。

根据日均输沙率 Q_{S_i}（单位：kg/s）（或日均流量 Q_i、日均含沙量 S_i），天数 T，计算测站任意时段输沙量 W_S（$10^4 t$）。计算过程见公式：

$$W_S = \left(\sum_{i=1}^{T} Q_{S_i} \right) \times 864/100000 \tag{3-16}$$

$$W_S = \left(\sum_{i=1}^{T} Q_i \times S_i \right) \times 864/100000 \tag{3-17}$$

2. 多年平均输沙量计算

多年平均输沙量计算提供各水文测站的多年平均输沙量计算功能。

根据历年年输沙量 W_{S_i}（$10^4 t$），n 为计算时段的年数。采用算术平均的方法进行计算，其计算过程为：

$$\bar{W}_S = \frac{1}{n} \sum_{i=1}^{n} W_{s_i} \tag{3-18}$$

年输沙量可直接从数据库中调用，也可根据输沙量计算得到。

3. 沙量平衡计算

沙量平衡计算提供各泥沙监测河段的沙量平衡计算功能。

根据上、下测站任意时段的输沙量 $W_{S_{上}}$、$W_{S_{下}}$（单位：10^4t）及两测站间的区间（支流）来沙量 $W_{S_{区}}$，计算该区间沙量差值 ΔW_S 情况。计算过程：

$$\Delta W_S = W_{S_{下}} - W_{S_{上}} - W_{S_{区}} \tag{3-19}$$

3.5.4 河道槽蓄量计算

1. 断面法

断面法基于库区各断面地形监测数据。根据某水面线下（上、下断面计算水位可能不同）沿程断面面积（A_i、A_j）、断面间距（L_{ij}）计算两断面间槽蓄量 ΔV_i，各断面间槽蓄量之和即为河段槽蓄量 V（单位：10^4m^3）。

计算过程见公式(3-20)～(3-22)。

①梯形公式：

$$\Delta V_i = (A_i + A_j) \cdot \frac{\dfrac{L_{ij}}{2}}{10000} \tag{3-20}$$

②截锥公式：

$$\Delta V_i = (A_i + A_j + \sqrt{A_i \cdot A_j}) \cdot \frac{\dfrac{L_{ij}}{3}}{10000} \tag{3-21}$$

注：截锥公式中，当 $A_i > A_j$ 且 $\dfrac{A_i - A_j}{A_i} > 0.40$ 时使用。

③河段槽蓄量：

$$V = \sum \Delta V_i \tag{3-22}$$

2. DEM 地形法

地形法基于库区地形的矢量化（数字化）成果。根据所需计算的河道的数字高程模型，累积计算构成 TIN 的每个三角形小区域上的槽蓄量，即为河道的总槽蓄量。

如图 3-5 所示，设三角形的三个顶点分别为 A、B、C，顶点的三维坐标分别为（x_a, y_a, z_a）、（x_b, y_b, z_b）、（x_c, y_c, z_c），且 $z_a \geqslant z_b \geqslant z_c$，可通过排序得到这样的假设。

设计算高程面为 z，图 3-5 中 $\triangle ABC$ 的边 AB、BC、CA 对应的边长分别为 c、a、b，CA 边上的高为 h_b，三角形区域上的槽蓄量为 vol，三角形面积为 $S_{\triangle}$，接触表面积为 area，则槽蓄量计算方法如下：

$$S_{\triangle} = \frac{1}{2} \cdot a \cdot b \cdot \sin C = \frac{1}{2} \cdot b \cdot c \cdot \sin A = \frac{1}{2} \cdot a \cdot c \cdot \sin B \tag{3-23}$$

① 如果 $z \leqslant z_c$，则 area = 0，vol = 0；

② 如果 $z_c < z \leqslant z_b$，则

$$\text{area} = S_{\triangle} \times \frac{(z - z_c) \cdot (z - z_c)}{(z_b - z_c) \cdot (z_a - z_c)} \tag{3-24}$$

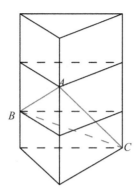

图 3-5　三角形区域上的槽蓄量计算示意图

$$vol = \frac{1}{3} \cdot area \cdot (z - z_c) \tag{3-25}$$

③ 如果 $z_b < z < z_a$，则

$$area = S_\triangle \cdot \left[1 - \frac{(z_a - z) \cdot (z_a - z)}{(z_a - z_b) \cdot (z_a - z_c)} \right] \tag{3-26}$$

$$vol = \frac{1}{6} \times \left[2 \cdot area \cdot (z - z_b) + b \cdot \frac{z - z_c}{z_a - z_c} \cdot (z - z_c) \cdot h_b \right] \tag{3-27}$$

④ 如果 $z \geqslant z_a$，则

$$area = S_\triangle \tag{3-28}$$

$$vol = area \cdot \left[(z - z_a) + \frac{1}{3}(z_a - z_b + z_a - z_c) \right] \tag{3-29}$$

如果数字高程模型为 TIN(不规则三角网)模型，则直接采用上面的计算公式计算各三角形区域的槽蓄量，然后累加即为河道槽蓄量。如果数字高程模型为规则格网，则把每个格网分作两个三角形，也可采用上面的计算公式计算槽蓄量。

3.5.5　冲淤量计算

1. 输沙平衡法

根据河道内干、支流布设的各泥沙监测站点悬移质、推移质输沙量实时监测数据，以及库周边崩塌入库沙量计算成果，计算河段(库区)泥沙冲淤量。

$$W_S = W_出 + G_{B出} - (W_入 + G_{B入} + T_{F入}) \tag{3-30}$$

式中：W_S 为泥沙冲淤量，单位为 kg；$W_出$、$G_{B出}$ 分别为河段区间出口断面悬移质和推移质沙量，单位为 kg；$T_{F入}$ 为库周边崩塌入库沙量，单位为 kg；$W_入$、$G_{B入}$ 分别为河段区间进口悬移质和推移质沙量，单位为 kg。当 $W_S > 0$ 时为冲刷，当 $W_S < 0$ 时为淤积。

2. 断面法

根据河道内干、支流布设的各断面监测数据，由断面过水面积的变化计算两断面的冲淤面积 ΔA_1、ΔA_2，计算断面间泥沙冲淤量。

$$\Delta V = \frac{L}{3}(\Delta A_1 + \Delta A_2 + \sqrt{\Delta A_1 \cdot \Delta A_2}) \tag{3-31}$$

式中：L 为断面间距；ΔV 为冲淤量，单位为 m^3；$\Delta V > 0$ 时为淤积，$\Delta V = 0$ 时基本冲淤平衡，$\Delta V < 0$ 时为冲刷。如果 ΔA_1、ΔA_2 符号不同，则需先计算冲淤面积为零处距两断面的间距，然后再分别计算冲淤量。

3. 库容差法

根据某水面线下同一河段或两个断面间两测次的槽蓄量 V_1、V_2 的变化计算河段冲淤量 ΔV。选用于断面法或地形法。计算过程见下式：

$$\Delta V = V_1 - V_2 \tag{3-32}$$

当 $\Delta V > 0$ 时为淤积，$\Delta V = 0$ 时基本冲淤平衡，$\Delta V < 0$ 时为冲刷。

3.5.6　冲淤厚度计算

1. 河道平均冲淤厚度计算

平均冲淤厚度计算基于各分段泥沙冲淤量计算成果，由计算式：

$$\overline{H_s} = \frac{2\Delta V}{(B_1 + B_2) \cdot L} \tag{3-33}$$

计算得到。式中：ΔV 为某水面线下同一河段两测次的泥沙冲淤量，单位 m^3；B_1、B_2 分别为两断面的水面宽度，单位为 m；L 为断面间距，单位为 m。

2. 冲淤厚度分布计算

根据河段的数字高程模型（DEM），将河道划分为不同空间距离的矩形或三角形网格，采用直线插值和算术平均方法计算各网格的平均河床高程。不同测次，各网格河床平均高程之间的差值即为冲淤厚度分布模型。其结果也是一个格网（GRID）文件，可以用分级分色图反映河段的冲淤分布情况。分级分色图颜色深浅表示河段的各个位置冲淤量的大小。

3.6　河道水面三维仿真

3.6.1　概念

本书所指的河道水面三维仿真是研究如何在三维虚拟地球场景中使用三维虚拟仿真技术来绘制逼真的动态水面的方法。本系统通过对水体颜色、水面反射、波浪、风向、流向、镜面反射等现象的仿真来达到对水面进行三维虚拟仿真的目的。

3.6.2　方法

1. 水体颜色

水体颜色由水的漫反射色和环境色决定，如公式（3-34）所示。

$$C_{water} = C_{ambient} + C_{diffuse} \tag{3-34}$$

式中，C_{water} 为水面颜色，$C_{ambient}$ 为环境光颜色，$C_{diffuse}$ 为水的漫反射颜色。

2. 水面反射

水面反射的效果即水面倒影。模拟水面倒影的方法分为两个步骤：①生成一幅水面倒影图。②把倒影图映射到水面之上。水面倒影图的生成根据镜面反射原理，如图 3-6 所示，P_1 点发射出的光线经过水面反射点进入观察点，这对观察者来说会产生一个视觉假象：光线好像是 P_2（P_2 是 P_1 沿水面的对称点）点发射出来的，利用这个原理，在计算机中，将所有实物点坐标沿水面进行对称运算后再渲染，便可以得到水面倒影图。关于把倒影图映射到水面之上的方法，可以用水面点在当前计算机视口上的投影坐标来确定倒影图和水面点的映射关系。式（3-35）给出了水面点与计算机视口坐标的关系：

$$P_{screen} = P_{world} \cdot M_{world} \cdot M_{view} \cdot M_{projection} \cdot M_{viewport} \tag{3-35}$$

式中，P_{screen} 是水面点在计算机视口的投影坐标，P_{world} 是水面点的实际坐标，M_{world} 是水面点在三维场景中的变换矩阵，M_{view} 是当前三维场景的观察矩阵，$M_{projection}$ 是三维场景的投影矩阵，$M_{viewport}$ 是把投影坐标转到视口坐标的变换矩阵，其构造方法如式（3-36）所示，"$\cdot$"表示点积或乘积，以下同。

$$M_{viewport} = \begin{bmatrix} 0.5 \cdot width & 0 & 0 & 0 \\ 0 & -0.5 \cdot height & 0 & 0 \\ 0 & 0 & maxZ - minZ & 0 \\ x + 0.5 \cdot width & y + 0.5 \cdot height & minZ & 1 \end{bmatrix} \tag{3-36}$$

其中，width 和 height 分别为计算机视口的宽度和高度，x，y 分别为计算机视口左上角坐标，$maxZ$ 和 $minZ$ 为三维场景裁剪的深度缓冲值的最大值与最小值。把 P_{screen} 的 x、y 范围调至 [0，1]，就得到了倒影图和水面点的关系：

$$P_{sampler} = P_{screen} \cdot \left[\frac{1}{width} \quad \frac{1}{height} \right]^T \tag{3-37}$$

式中，$P_{sampler}$ 即为水面点 P_{world} 在倒影图上的映射点，width 和 height 同式（3-36），"T"表示转置。

在实际中，光线射到水面并不是 100% 被反射，菲涅尔定律（Fresnel Term）指出了水面反射光和折射光在不同观察角度时的比例问题，由于菲涅尔定律非常复杂，近似公式（3-38）可以满足仿真的需要：

$$f = r + (1 - r) \cdot (1.0 - V_{view} \cdot V_{normal})^5 \tag{3-38}$$

式中，f 为菲涅尔值，r 为水的反射系数，值为 0.02037，V_{view} 为观察方向，V_{normal} 为水面法线，次方 5 是经验值。最后，使用公式（3-39）计算考虑了菲涅尔值的水面反射。

$$C_{water} += f \cdot C_{reflection} + (1 - f) \cdot C_{refraction} \tag{3-39}$$

式中，C_{water} 为水面的颜色，$C_{reflection}$ 为反射光的颜色，$C_{refraction}$ 为折射光的颜色，f 为菲涅尔值，若不考虑折射，令折射色为 0。

3. 波浪，风向和流向

产生波浪的算法有多种，根据波浪生成的原理可分为两类：一类为真实波浪，即通过持续扰动水面点的高度来产生类似真实波浪的起伏或者对波浪进行真实的数学建模，另一类则是视觉效果的波浪，目前比较流行的做法是借助一张称之为凹凸纹理的栅格图（每个栅格里面都存储了一组扰动值）来持续扰动水面以产生视觉上的波浪效果。第一类方法比

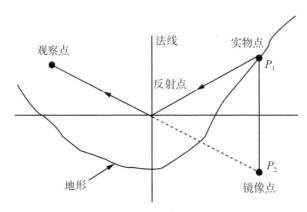

图 3-6 镜面反射产生的假像图

较适合模拟真实波浪，比如海浪的生成，但是算法复杂度高。一般的算法，模拟效果很难达到要求。第二类方法简单高效，并且效果很好，很适合湖泊、江河波浪的模拟，这里选择第二类方法。

一张凹凸纹理如图3-7所示，纹理中的每个像素的 r 值和 g 值都对应了一组扰动值，把凹凸纹理映射到水面，用 r，g 值对反射进行扰动，便可生成涟漪不平的水面效果。设从水面点 P_{world} 在凹凸纹理上的映射点 P_{delta} 处取得的扰动向量 **Delta** $= [r, g]$（$0 < r, g < 1$），把 $P_{sampler}$ 按照公式(3-40)进行扰动：

图 3-7 凹凸纹理

$$P_{sampler} += k \cdot (\textbf{Delta} - 0.5) \tag{3-40}$$

式中，为了使得干扰方向均匀，减去0.5，把 **Delta** 调整至 $[-0.5, 0.5]$，k 值的大小影响扰动值的大小，扰动值越大，产生的波浪越高，反之相反。由于公式(3-40)中每个 $P_{sampler}$ 处对应的 **Delta** 为定值，所以这样仅仅产生了静态的水波。为了让水波能够"流动"，需要给 P_{delta} 增加一个随时间的变化向某个方向偏移的变量，详细参数如公式(3-41)所示：

$$P_{\text{delta}} = \frac{P_{\text{screen}}}{\ln} \cdot \text{WindDirection} + \text{time} \cdot v \cdot \text{Direction} \tag{3-41}$$

式中，P_{delta} 是水面点 P_{world} 在凹凸纹理上的映射点；$\ln$ 的大小影响水波波长，取值为 0.8；WindDirection 控制产生某个方向上的细微效果，表示风向；time 是一个时间变量；v 的取值越大，产生的水的流速越大，反之相反；Direction 控制了采样偏移的方向，即为水的流向。

4. 动态水面高光

水面高光其实是镜面反射的效果，Phong 光照模型包含了对镜面反射的处理方法。一个简化的 Phong 模型的描述见公式(3-42)：

$$C_r = k_a \cdot C_a + k_c \cdot \left[k_d \cdot C_d (N \cdot L) + k_s \cdot C_s (V \cdot R)^n \right] \tag{3-42}$$

式中，C_r 表示 Phong 模型计算的最终颜色；k_a 表示环境光系数；C_a 表示环境光颜色；k_c 表示一个系数，用来控制环境光和反射光的关系；k_d 表示漫反射系数；C_d 表示漫反射颜色；k_s 表示镜面反射系数；C_s 表示镜面反射颜色；一般有 $k_a + k_d + k_s = 1$。其他参数如图 3-8 所示，L 表示入射光，N 表示镜面法线，R 表示反射光，V 表示观察方向，H 为 L 和 V 的角平分线。由于只考虑计算镜面反射，因此取 $k_s = 1$，$k_c = 1$，公式(3-42)被简化为公式(3-43)。

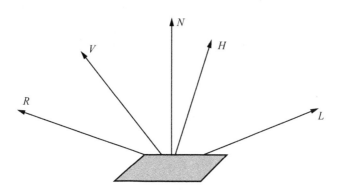

图 3-8 Phong 模型参数示意图

$$C_r = C_s (V \cdot R)^n \tag{3-43}$$

为了免去计算 R 的麻烦，$V \cdot R$ 可用 $N \cdot H$ 来替换。

静态的水面高光缺乏真实感，为了产生动态闪烁的效果，对反射光线 R 进行扰动，公式(3-44)为扰动方法：

$$V_{\text{reflection}} = R + \textbf{Delta} \tag{3-44}$$

式中，$V_{\text{reflection}}$ 为扰动后的反射光线，R 为原始反射光线，**Delta** 为扰动向量。调整公式(3-41)中的 Direction 参数，获取多个方向上的不同扰动向量 **Delta**$_i$，最后按照公式(3-45)进行线性叠加得到叠加的 **Delta**。实验证明，使用叠加的扰动向量使水面高光效果更加逼真。

$$\textbf{Delta} = \sum (k_i \cdot \textbf{Delta}_i) \tag{3-45}$$

最后，根据 Phong 模型的原理，直接使用公式（3-45），把高光值添加到水面即可。

$$C_{\text{water}} \mathrel{+}= C_{\text{specular}} \tag{3-46}$$

式中，C_{specular} 为由公式（3-43）计算的镜面反射值。

5. 河道水面三维仿真效果图

图 3-9　效果图 1

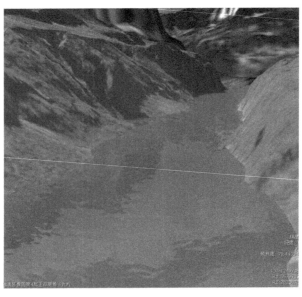

图 3-10　效果图 2

图 3-11   效果图 3

3.6.3   在本系统中的作用

本系统中的洪水仿真模块，可以根据水文数据库中的水位过程在系统中对洪水过程进行逼真的三维虚拟仿真，而河道水面三维仿真方法是该应用实现的基础。

3.7   一维水沙数学模型建立

本项研究库区泥沙淤积计算拟采用一维非恒定流、非均匀沙的水沙数学模型进行计算。与恒定流数学模型相比，非恒定流的数学模型避免了人为地将连续的不恒定水沙过程概化为梯级式的恒定水沙过程，在计算河段距离较长、河道槽蓄作用影响较大的情况下，能更为准确合理地模拟整个库区长河段的泥沙冲淤过程，而且三峡库区支流众多，支流的水沙演进影响着干流的水沙过程，在建立三峡水库一维非恒定泥沙模型的同时考虑干支流水沙运动是必要的。

3.7.1   模型基本方程

将水库干支流河道分别视为单一河道，河道汇流点称为汊点，则模型应包括单一河道水沙运动方程和汊点连接方程两部分。

1. 单一河道水沙运动方程

水流连续方程：

$$\frac{\partial A}{\partial t} + \frac{\partial(Q)}{\partial x} = \frac{q}{\Delta x} \tag{3-47}$$

水流动量方程：

$$\frac{\partial Q}{\partial t} + \frac{\partial}{\partial x}\left(\alpha\,\frac{Q^2}{A}\right) + gA\left(\frac{\partial Z}{\partial x} + \frac{Q\,|Q|}{K^2}\right) = \frac{qv}{\Delta x} \tag{3-48}$$

悬移质连续性方程：

$$\frac{\partial(AS_k)}{\partial t} + \frac{\partial(QS_k)}{\partial x} + a_k B\omega_k(S_k - S_k^*) = S_c q \tag{3-49}$$

悬移质河床变形方程：

$$\frac{\partial(\gamma_s' \Delta A)}{\partial t} = \sum_{k=1}^{n} a_k B\omega_k(S_k - S_k^*) \tag{3-50}$$

水流挟沙力公式：

$$S_* = S_*(U, h, \omega, \cdots) \tag{3-51}$$

以上式中：α 为修正系数，$\alpha = \dfrac{\int_A u^2 \mathrm{d}A}{Q^2/A}$；$K$ 为流量模数，$K^2 = \dfrac{A^2 R^{\frac{4}{3}}}{n^2}$。

其中：B 为水面宽(m)；A 为过水面积(m^2)；Q 为流量(m^3/s)；Z 为水位(m)；n 为 Manning 糙率系数；q、v 为侧向流量(m^3/s)和流速(m/s)；下标 k 为泥沙分组编号；S_k、S_k^* 分别为断面分组平均含沙量及挟沙力；S_c 为支流含沙量；γ_s' 为干容重；ΔA 为冲淤面积；x 为沿程距离；t 为时间；ω_k 为泥沙颗粒静水分组沉速；α_k 为分组恢复饱和系数。

2. 汊点连接方程

（1）流量衔接条件

进出每一汊点的流量必须与该汊点内实际水量的增减率相平衡，即

$$\sum Q_i = \frac{\partial\Omega}{\partial t} \tag{3-52}$$

式中：Ω 为汊点的蓄水量。如将该点概化为一个几何点，则 $\Omega = 0$。

（2）动力衔接条件

如果汊点可以概化为一个几何点，出入各个汊道的水流平缓，不存在水位突变的情况，则各汊道断面的水位应相等，即

$$Z_1 = Z_2 = \cdots = \bar{Z} \tag{3-53}$$

3.7.2　离散求解

1. 水流方程的求解

在计算过程中为避免迭代，减少计算工作量，引入了线性化的 Preissmann 加权偏心隐格式，计算精度满足水利工程计算要求。

Preissmann 加权偏心格式示意图见图 3-12，对于 M 点为断面 j、$j+1$ 内的中间点，在时间层 n、$n+1$ 内采用任意加权关系。

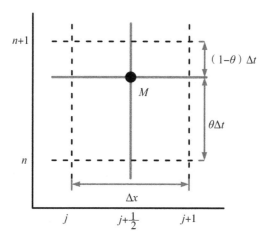

图 3-12 Preissmann 加权偏心格式示意图

最终 M 点的 Preissmann 加权偏心隐格式的一般形式为：

$$f(x,t) = \frac{\theta}{2}(f_{j+1}^{n+1} + f_j^{n+1}) + \frac{1-\theta}{2}(f_{j+1}^n + f_j^n) \tag{3-54}$$

$$\left.\frac{\partial f}{\partial x}\right|_{x=x_{i+1/2}} = \frac{\theta}{\Delta x}(f_{j+1}^{n+1} - f_j^{n+1}) + \frac{1-\theta}{\Delta x}(f_{j+1}^n - f_j^n) \tag{3-55}$$

$$\left.\frac{\partial f}{\partial t}\right|_{x=x_{i+1/2}} = \frac{(f_{j+1}^{n+1} + f_j^{n+1}) - (f_{j+1}^n + f_j^n)}{2\Delta t} \tag{3-56}$$

式中：f—— 物理量；

j、n—— 空间和时间网格；

Δx、Δt—— 空间和时间步长；

θ—— 时间权重因子。

最终可得线性化求解的水流连续方程和动量方程，可得差分方程如下：

$$\begin{cases} A_{1(i+1/2)}\Delta Q_i^{n+1} + B_{1(i+1/2)}\Delta Z_i^{n+1} + C_{1(i+1/2)}\Delta Q_{i+1}^{n+1} + D_{1(i+1/2)}\Delta Z_{i+1}^{n+1} = E_{1(i+1/2)} \\ A_{2(i+1/2)}\Delta Q_i^{n+1} + B_{2(i+1/2)}\Delta Z_i^{n+1} + C_{2(i+1/2)}\Delta Q_{i+1}^{n+1} + D_{2(i+1/2)}\Delta Z_{i+1}^{n+1} = E_{2(i+1/2)} \end{cases} \tag{3-57}$$

式中系数如下：

$$A_{1(i+1/2)} = \frac{4\theta\Delta t}{\Delta x(B_j^n + B_{j+1}^n)}$$

$$B_{1(i+1/2)} = 1 - \frac{4\theta\Delta t(Q_{j+1}^n - Q_j^n - q)}{\Delta x (B_j^n + B_{j+1}^n)^2} \cdot \frac{dB_j^n}{dZ_j^n}$$

$$C_{1(i+1/2)} = \frac{4\theta\Delta t}{\Delta x(B_j^n + B_{j+1}^n)}$$

$$D_{1(i+1/2)} = 1 - \frac{4\theta\Delta t(Q_{j+1}^n - Q_j^n - q)}{\Delta x (B_{j+1}^n + B_j^n)^2} \cdot \frac{dB_{j+1}^n}{dZ_{j+1}^n}$$

$$E_{1(i+1/2)} = -\frac{4\Delta t}{\Delta x(B_j^n + B_{j+1}^n)}(Q_{j+1}^n - Q_j^n - q)$$

$$A_{2(i+1/2)} = 1 - a_j \frac{4\theta \Delta t}{\Delta x} \frac{Q_j^n}{A_j^n} + 2\Delta t g\theta \frac{A_j^n |Q_j^n|}{(K_j^n)^2}$$

$$B_{2(i+1/2)} = \frac{\theta \Delta t}{\Delta x}\left[a_j \frac{2(Q_j^n)^2 B_j^n}{(A_j^n)^2} - g(A_{j+1}^n + A_j^n) + g(Z_{j+1} - Z_j^n) B_j^n \right]$$

$$+ \Delta t \theta g \frac{Q_j^n |Q_j^n|}{(K_j^n)^2}\left[B_j^n - \frac{2A_j^n dK_j^n}{K_j^n dZ_j^n} \right]$$

$$C_{2(i+1/2)} = 1 + a_{j+1} \frac{4\theta \Delta t}{\Delta x} \frac{Q_{j+1}^n}{A_{j+1}^n} + 2\Delta t g\theta \frac{A_{j+1}^n |Q_{j+1}^n|}{(K_{j+1}^n)^2}$$

$$D_{2(i+1/2)} = \frac{\theta \Delta t}{\Delta x}\left[-a_{j+1} \frac{2(Q_{j+1}^n)^2 B_{j+1}^n}{(A_{j+1}^n)^2} + g(A_{j+1}^n + A_j^n) + g(Z_{j+1}^n - Z_j^n) B_{j+1}^n \right]$$

$$+ \Delta t g\theta \frac{Q_{j+1}^n |Q_{j+1}^n|}{(K_{j+1}^n)^2}\left[B_{j+1}^n - \frac{2A_{j+1}^n dK_{j+1}^n}{K_{j+1}^n dZ_{j+1}^n} \right]$$

$$E_{2(i+1/2)} = \frac{\Delta t}{\Delta x}\left[-a_{j+1} \frac{2(Q_{j+1}^n)^2}{A_{j+1}^n} + a_j \frac{2(Q_j^n)^2}{A_j^n} - g(A_{j+1}^n + A_j^n) \cdot (Z_{j+1}^n - Z_j^n) + 2qv \right]$$

$$- \Delta t g\left[\frac{A_{j+1}^n Q_{j+1}^n |Q_{j+1}^n|}{(K_{j+1}^n)^2} + \frac{A_j^n Q_j^n |Q_j^n|}{(K_j^n)^2} \right]$$

2. 泥沙运动方程求解

通过求解悬移质泥沙连续方程式来求解悬移质的分组含沙量，该方程对数值解法的精度要求较高，采用一般的差分模式，精度不能保证，含沙量的计算结果可能会出现不合理的情况，而采用高精度的数值格式，不仅计算复杂，而且计算量太大。这里采用相临时层之间用差分法求解，在同一时间层上求分析解的方法，能够同时满足精度和计算量的要求。

泥沙运动方程可离散为：

$$S_{i+1} = S_i e^{-\left(\frac{\alpha\omega}{\bar{q}} + \frac{1}{\bar{U}^{n+1}\Delta t}\right)\Delta x_i} + \frac{\alpha\omega \bar{U}^{n+1}\Delta t \bar{S}_{*i+1}^{n+1} + \bar{q}\bar{S}_{*i+1}^n}{\alpha\omega U^{n+1}\Delta t \bar{q}}\left[1 - e^{-\left(\frac{\alpha\omega}{\bar{q}} + \frac{1}{\bar{U}^{n+1}\Delta t}\right)\Delta x_i} \right] \quad (3-58)$$

式中：Δx_i 为计算河段长度；$\bar{U}$ 为 Δx_i 河段内的平均流速；$\bar{q}$ 为 Δx_i 河段内的平均单宽流量；$\bar{S}_*$ 为 Δx_i 河段内的平均挟沙力；$\bar{S}$ 为 Δx_i 河段内的平均含沙量；S_i 为进口断面含沙量；S_{i+1} 为出口断面含沙量。

3. 河床变形方程求解

在特大洪水时，局部河段强冲强淤，势必会影响局部河段的水流形态，因此模型中必须引入河床变形方程。

河床变形方程(3-50)的求解格式为：

$$\Delta A = \sum_{k=1}^{n} \frac{a_k B\omega_k (S_k - S_k^*)\Delta t}{\gamma_s'} \quad (3-59)$$

模型采用水沙运动与河床变形耦合计算的方法进行，以便更为准确地反映水沙运动对河床变形的影响作用。

4. 汊点求解

(1) 汊点水流

采用三级解法对水流方程进行求解，假设某河段中有 m 个断面，将该河段中通过差分得到的微段方程(3-57)依次进行自相消元，再通过递推关系式将未知数集中到汊点处，即可得到该河段首尾断面的水位流量关系：

$$\begin{cases} Q_1 = aZ_1 + bZ_m + c \\ Q_m = dZ_1 + eZ_m + f \end{cases} \tag{3-60}$$

式中系数 a、b、c、d、e、f 由递推公式求解得出。

将边界条件和各河段首尾断面的水位流量关系代入汊点连接方程，就可以建立起以三峡水库干支流河道各汊点水位为未知量的代数方程组，求解此方程组得各汊点水位，逐步回代可得到河段端点流量以及各河段内部的水位和流量。

(2) 汊点分沙

进出汊点各河段的泥沙分配，主要由各河段临近节点断面的边界条件决定，并受上游来沙条件的影响。模型采用分沙比等于分流比的模式：

$$S_{j,\,out} = \frac{\sum Q_{i,\,in} S_{i,\,in}}{\sum Q_{i,\,in}} \tag{3-61}$$

3.7.3 补充方程

1. 水流挟沙力公式及分组挟沙力级配

挟沙力公式采用张瑞瑾挟沙力公式形式：

$$S_* = K\left(\frac{U^3}{gh\bar{\omega}}\right)^m \tag{3-62}$$

式中：K、m 为挟沙力系数和指数；U 为断面平均流速；$\bar{\omega}$ 为泥沙群降沉速，$\bar{\omega} = \left(\sum P_i \omega_i^m\right)^{\frac{1}{m}}$；$P_i$ 为含沙量级配；ω_i 为第 i 组沙对应的沉速。

分组挟沙力级配采用窦国仁模式：

$$P_{*i} = \frac{\left(\dfrac{P_i}{\omega_i}\right)^\beta}{\sum \left(\dfrac{P_i}{\omega_i}\right)^\beta} \tag{3-63}$$

分组挟沙力：

$$S_{*i} = S_* P_{*i} \tag{3-64}$$

2. 推移质输沙率

模型中悬移质、推移质引起的河床变形是分开计算的，因此需要对悬移质与推移质进

35

行划分。目前较常用的方法是对悬浮指标取特定值，即当悬浮指标大于 5 时可认为是推移质，否则为悬移质。

推移质输沙率采用长江科学院提出的输沙经验曲线，输沙曲线的关系式为：

$$\frac{V_d}{\sqrt{gd}} \sim \frac{g_b}{d\sqrt{gd}} \tag{3-65}$$

式中：$V_d = \frac{m+1}{m}\left(\frac{H}{d}\right)^{-\frac{1}{m}U}$，$m = 4.7\left(\frac{H}{d_{50}}\right)^{0.06}$。

然而，对于三峡库区的复杂河床组成来说，在模型计算过程中需采用实测资料对其进行检验和修正。

3. 泥沙起动流速公式

研究泥沙的起动，既要考虑泥沙颗粒起动所遵循的力学规律，也要考虑各种随机影响因素。特别是对于非均匀沙，适当地引入修正系数以考虑床沙级配、颗粒位置以及床沙中粗细颗粒之间的隐暴效应等影响因素，运用概率论与力学分析相结合的方法，并综合试验资料进行分析、验证，建立理论上较为合理、能兼容均匀沙情形的非均匀沙分级起动概率计算模式或据此导出泥沙起动流速或起动拖曳力的表达式，是当前解决非均匀沙起动问题的有效途径。

在此，非均匀沙分组起动流速的计算式为：

$$U_{Ci} = 1.14\sqrt{\frac{\left[1 + 0.355\left|\ln\left(\frac{d_i}{d_m}\right)\right|\right]^2}{\left(\frac{d_i}{d_m}\right)^{0.5} \cdot \sigma_g^{0.25}}} \cdot \sqrt{\frac{\rho_s - \rho}{\rho}gd_i} \cdot \left(\frac{d_i}{d_m}\right)^{\frac{1}{6}} \cdot \left(\frac{H}{d_m}\right)^{\frac{1}{6}} \tag{3-66}$$

式中：U_{Ci} 为分组起动流速；d_i 为分组粒径；d_m 为床沙平均粒径；$\sigma_g^{0.25}$ 为床沙标准差。

由上可知，对于均匀沙而言，即当 $d_i = d_m$，$\sigma_g = 1$ 时，上式就可自动转化为均匀沙起动流速表达式，且与沙莫夫公式一致。

4. 床沙级配调整方程

水流运动的泥沙与床沙处于不断的交换之中，床沙级配的调整变化对河床冲淤的影响十分显著。当河床冲刷时，河床组成逐渐粗化，水流挟沙力降低，从而使冲刷强度减小；相反，若河床发生冲淤，则床沙细化，水流挟沙力增大，使淤积强度减小。

模型采用广泛应用的韩其为床沙级配调整模式。该模式将床沙由上至下分成四层，表层为泥沙交换层，第四层为底层，中间两层为过渡层，悬沙与底沙的直接交换发生在交换层中，悬沙沉降和底沙再悬浮直接引起交换层中泥沙级配的调整，反过来表层的级配调整会影响挟沙力，交换层厚度在完成级配调整后，保持不变。过渡层中泥沙级配视表层床面的冲刷或淤积相应地向下或向上移动，与表层泥沙发生交换，过渡层厚度不变。底层与过渡层相应进行级配调整，底层的厚度视表层床面的冲刷或淤积相应地减少或增加。参见

图 3-13。

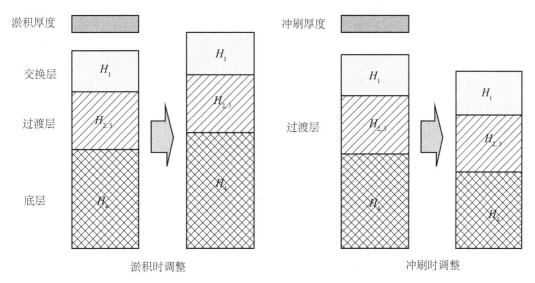

图 3-13　床沙级配调整图

（1）当淤积时

表层，$n = 1$：

$$P_{cni} = \frac{h_{cn}P^0_{cni} + \Delta z_{ic}}{h_{cn} + \Delta z_c}$$

中间过渡层，$n = 2，3$：

$$P_{cni} = \frac{(h_{cn} - \Delta z_c) P^0_{cni} + \Delta z_{ic}P_{c(n-1)i}}{h_{cn}}$$

底层，$n = 4$：

$$P_{cni} = \frac{\Delta z_c P^0_{b(n-1)i} + h^0_{cn}P^0_{cni}}{h_{cn}}$$

$$h_{cn} = h^0_{cn} + \Delta z_c$$

（2）当冲刷时

表层，$n = 1$：

$$P_{cni} = \frac{h_{cn}P^0_{cni} + \Delta z_{ic} - \Delta z_c P^0_{c(n+1)i}}{h_{cn}}$$

中间过渡层，$n = 2，3$：

$$P_{cni} = \frac{(h_{cn} + \Delta z_c) P^0_{cni} - \Delta z_c P_{c(n+1)i}}{h_{cn}}$$

底层，$n = 4$：

$$P_{cni} = P^0_{cni}$$

$$h_{cn} = h^0_{cn} + \Delta z_c$$

3.7.4 模型有关问题处理

1. 恢复饱和系数

恢复饱和系数是泥沙数学模型计算的重要参数，是一个综合系数，需要由实测资料反求，但是影响因素很多，既与水流条件有关，又与泥沙条件有关，随时随地都在变化，在大多数泥沙冲淤计算中都假定为一正的常数，通过验证资料逐步调整。本模型对泥沙冲淤采用分粒径组算法，如果对各粒径组都取同样的 α 值，由于各组间的沉速相差可达几倍甚至几百倍，因而从计算结果看，在同一断面上小粒径组相对于大粒径组来说其冲淤量常常可忽略不计，这往往与实际不尽相符。为此本模型采用计算分粒径组泥沙恢复饱和系数的方法，该方法建立了分粒径组泥沙恢复饱和系数与沉速之间的关系，见下式：

$$\alpha_i = \alpha_0 \left(\frac{\bar{\omega}}{\omega_i} \right)^{m_1} \tag{3-67}$$

式中：α_i —— 第 i 组悬移质恢复饱和系数；

α_0、m_1 —— 分别为待定系数和指数，需通过实测资料进行率定计算；

ω_i —— 第 i 组的泥沙沉速；

$\bar{\omega}$ —— 混合沙的平均沉速。

2. 糙率系数确定

糙率系数是反映水流条件与河床形态的综合系数，其影响主要与河岸、主槽、滩地、泥沙粒径、沙波以及人工建筑物等相关。阻力问题通过糙率反映出来，河道发生冲淤变形时，床沙级配和糙率都会作出相应的调整。当河道发生冲刷时，河床粗化，糙率增大；反之，河道发生淤积，河床细化，糙率减小。模型根据实测水位流量资料进行初始糙率率定，各河段分若干个流量级逐级试糙。

3. 细颗粒泥沙絮凝模式

泥沙絮凝主要是细颗粒泥沙。细颗粒泥沙絮凝的实质是泥沙颗粒通过彼此间的引力相互连接在一起，形成外形多样、尺寸明显变大的絮凝体。三峡水库细颗粒泥沙所占比例较大，占 1/3 以上，是否出现絮凝，对水库淤积量影响较大。

根据已有的研究成果，细颗粒泥沙絮凝的影响因子主要有以下几方面：水体盐度、含沙量、粒径、流速等。在文献《三峡工程水库泥沙淤积及其影响与对策研究》（方春明，董耀华等，2011）中，作者对三峡水库细颗粒泥沙输移与絮凝进行了分析，指出三峡水库细颗粒泥沙不仅淤积比较大，且彼此差别小，见表 3-1。如不考虑絮凝等因素，这种现象难以用常规的不平衡输沙理论解释。

目前国内外对泥沙絮凝研究较多的均位于入海的河口段，絮凝的因素主要为水体盐度的影响，针对三峡水库这种大水深水库可能出现的缓慢絮凝现象还没有专门研究。

这里采用文献《泥沙设计手册》（涂启华等，2006）中的成果，考虑絮凝对泥沙沉速影响的修正，即泥沙颗粒大小对絮凝因子的影响曲线，该曲线可近似拟合为：

$$F = 0.0013 \times D^{-1.9} \tag{3-68}$$

表 3-1 三峡水库入库和出库细颗粒泥沙量(单位：10^4t)

项目 \ 年份	2006 年			2007 年		
粒径(mm)	<0.004	0.004~0.008	0.008~0.016	<0.004	0.004~0.008	0.008~0.016
汛期6~9月入库	3653	842	1335	7160	2538	3003
汛期6~9月出库	477	138	81	2846	725	567
淤积比(%)	87	84	94	60	71	81
非汛期入库	786	269	344	573	231	266
非汛期出库	38	13	9	51	12	8
淤积比(%)	95	95	97	91	95	97

式中：D 为泥沙粒径，单位 mm，F 为絮凝后沉速修正倍数。

根据 2011—2013 年实测的级配资料，经式(3-68)计算得到汛期庙河站絮凝后泥沙沉速修正倍数 F 见表 3-2，F 最大为 53(2012 年 9 月)，最小为 23(2013 年 9 月)，平均值为 38。

表 3-2 庙河站絮凝后泥沙沉速修正倍数

年份	2011 年			2012 年			2013 年		
月份	7	8	9	7	8	9	7	8	9
F	42	38	24	43	47	53	39	35	23

2011 年长江委水文局开展三峡坝前泥沙絮凝试验，经统计分析，坝前细颗粒泥沙因絮凝成团，泥沙颗粒沉降速度平均为絮凝前的 9.1 倍(絮凝后泥沙沉速修正倍数)，最大的可达到 35 倍，当流速在 0.2~0.4m/s 时，细颗粒泥沙的絮凝强度达到最大。

与公式(3-68)计算得到的泥沙絮凝修正数进行比较，由于试验时不同流速条件细颗粒泥沙絮凝强度不同，同时现场水体介质不同，细颗粒泥沙并未达到完全絮凝状态，因此试验得到的絮凝修正数小于公式(3-68)计算得到的数值。

目前泥沙絮凝理论及不同条件下的絮凝机理仍在研究阶段，因此三峡一维泥沙模型仍采用公式(3-68)对泥沙沉速进行修正，由于公式(3-68)未考虑水流流速因素，模型对其进行了相应的改进，使其更符合三峡水库中的实际应用，改进后的公式如下：

当断面流速小于 0.3m/s 时，$F = \dfrac{V}{0.3} \times 0.0013 \times D^{-1.9}$；

当断面流速为 0.3~0.6m/s 时，$F = \dfrac{0.6 - V}{0.3} \times 0.0013 \times D^{-1.9}$；

当断面流速大于 0.6m/s 或用以上公式计算的 F 小于 1 时，可认为没有絮凝作用，即 $F = 1$。

4. 断面冲淤修正模式

对河床冲淤分配的计算方法有很多，如等厚分布、沿湿周均匀分布等。作为水库淤积，其淤积厚度比较大，作为一维计算更多的是关心断面冲淤总体状况以及水库的整体冲淤过程。模型为了适应库区不同断面的淤积形态，根据 2003 年三峡水库蓄水运用以来库区各段河床断面的不同淤积形态，分别采用沿湿周等厚冲淤、主槽平淤、淤槽固滩等形式来先行预设定断面冲淤修正模式，见表 3-3。该模式避免模型在河床冲淤分配的计算中，断面冲淤变化单一化，使其更符合三峡库区实际冲淤规律。

表 3-3　　　　　　　　　　　干流库区断面的冲淤面积分配方式

起始断面	终止断面	淤积方式	间距（km）
S30+1	S39-2	主槽平淤	11
S40-1	S49	等厚淤积	18
S50-1	S54	主槽平淤	10
S55	S111	等厚淤积	115
S112	S114	主槽平淤	4
S115	S143	等厚淤积	64
S144	S163	主槽平淤	46
S164	S174	等厚淤积	23
S175	S178	主槽平淤	9
S179	S204	等厚淤积	50
S205	S208	主槽平淤	8
S209	S400	等厚淤积	394

3.8　断面变化

3.8.1　概念

断面变化是指在同一断面的基础上选择两个以上测次，由于测次之间断面形态不同，根据测次时间由前到后形成变化，最终以冲淤的形式描述断面形态变化。

从断面初始形态到最终形态，断面剖面数据根据时间推进发生变化，每两个相邻断面间变化的动画过程是：将起始断面的每个测点到终止断面的对应距离 d_i 等分成 n 份，断面变化的每一帧效果即为起始断面的每一个测点向上或向下移动 $\dfrac{d_i}{n}$，直至第 n 次移动后完成动画。其中，起始断面的测点到终止断面的对应点高程 G 是由起始断面测点的起点距 $L_{起}$ 与在终止断面上起点距与其最近的两个测点的起点距 $L_{止1}$、$L_{止2}$ 和高程 G_1、G_2 插值所得，即有等式为：$\dfrac{L_{起} - L_{止1}}{L_{止2} - L_{起}} = \dfrac{G_{止1} - G}{G - G_{止2}}$。

依次显示每个断面数据，绘制到公告牌，最终形成模拟动态变化效果，直到最后一个测试断面。

3.8.2 在本系统中的作用

本系统中，在三维动态展示断面形态变化时调用此方法，可以直观地看到断面形态如何变化的过程，如图 3-14、图 3-15、图 3-16 所示。

图 3-14　断面变化图（1）

图 3-15　断面变化图（2）

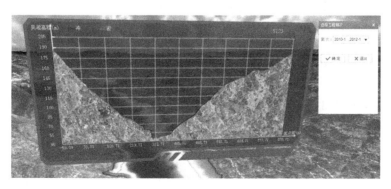

图 3-16　断面变化图（3）

3.9　渲晕图变化

3.9.1　渲晕图变化概念

渲晕图变化是指在三维地球上将局部范围内各种 DEM 的变化过程以渲晕图的形式动画显示，渲晕图上各点的颜色变化即代表其高程的变化，如图 3-17 所示。

图 3-17　渲晕图

从图中可以看出，从 DEM 的初始形态到最终形态，DEM 数据在发生变化，依次根据原始两相邻时间的 DEM 插值计算中间过程的 DEM，由此生成一系列变化过程的渲晕图，并逐一显示在三维地球上。该算法主要是 DEM 数据线性等分插值生成中间变化过程的 DEM，插值等分数量根据计算机性能与计算区域范围设置。

3.9.2　在本系统中的作用

本系统中，查看局部地形及变化与冲淤厚度变化时调用此方法，可以直观地看到局部地形与冲淤厚度的变化过程。

局部地形及变化是指在局部范围下调取该范围内不同测次的 DEM 数据，由先到后在三维地球上显示由 DEM 生成的渲晕图的变化过程。

冲淤厚度变化指在局部范围下调取该范围内不同测次的 DEM 数据，分别计算相邻两测次间各点的冲淤情况，将此绘制成渲晕图动态显示在三维地球上，如图 3-18 所示。

图 3-18　冲淤厚度变化图

第4章 系统总体构架设计与实现

系统的设计理念与构架设计决定着软件产品的成败，构架设计也是系统设计的精髓所在，需要调研同类产品的应用情况与技术特征，需要了解当前通行的对这种产品提供的理论支持和技术平台，再结合系统的特点，才能逐步形成该系统的构架。

总体构架设计主要根据软件的使用目的与使用方式首先形成设计理念，在该设计理念下决定软件的构架与开发软硬件环境，根据功能需求划分功能模块，研究可能出现并需解决的关键性问题等步骤。

4.1 设 计 理 念

本系统的界面和功能使用设计都遵循"以人为本"的基本设计理念。"以人为本"，是指在设计中将人的利益和需求作为考虑问题的最基本的出发点，并以此作为衡量活动结果的尺度。在需求分析基础上，以客户为本，设计有行业特色的，适用客户的个性化高性能管理系统。简单来说，就是在系统需求基础上，设计出对客户来说简单可靠易操作的友好界面，让客户仅使用简单的操作步骤就可以完成系统复杂的专业功能。

4.1.1 使用理念

以人为本，首先要注重系统的使用功能设计。系统的专业功能设计，秉承客户需求，力求界面友好简单易操作。用户只需简单几步就可以实现复杂的专业功能运算。针对客户群使用特点，设计适用客户的专业系统软件。从客户需求出发，把专业功能封装在简单美观的系统友好界面中，设计应用面广的实用系统，消除客户和系统之间的隔阂，使无论什么知识背景的客户，都能够很快上手操作软件。

4.1.2 安全理念

根据客户使用群，设计高可靠性和高安全性的系统。在方便用户使用的基础上，实现系统的高可靠性管理。针对特定客户群，设定适当的安全策略，在保护用户安全的基础上，抵挡外来威胁。

安全对系统来说总是第一位的。系统设计，首先要提供高性能保障，保证系统的安全可靠运行；同时，在发生意外情况时，能够对系统进行故障修复和系统还原，将灾难损失减到最小。

三峡水库泥沙冲淤变化三维动态演示系统是一个充分利用计算机技术、网络应用程序开发技术、管理信息系统(MIS)、地理信息系统(GIS)、数据库技术、数学模型和算法等一系列高新技术的规模庞大、涉及面广的大型软件工程。

三峡水库泥沙冲淤变化三维动态演示系统将采用当今软件开发与数据库管理的新理念、新技术、新手段，有效利用以前收集、积累的大量资料，保持与现有系统和数据管理等内容上的一致性与兼容性。

系统实现方法：基于 JavaEE 的 B/S 网络系统，服务器使用 Oracle 11g 管理业务数据，底层算法主要移植已有的 C++算法，保证算法的高效性和实用性。

该系统采用人机交互式的处理方式，从业务和性能角度出发，系统设计应遵循以下原则：

（1）遵循开放、先进、标准的设计原则

系统的开放性是系统生命力的表现，只有开放的系统才有兼容性，才能保证前期投资持续有效，保证系统可以分期逐步发展和整个系统的日益完善。系统在运行环境的软、硬件平台选择上要符合工业标准，具有良好的兼容性和可扩充性，能够容易地实现系统的升级和扩充，从而达到保护初期阶段投资的目标。

标准化是系统建设的基础，也是系统与其他系统兼容和进一步扩充的根本保证。因此，对于一个信息系统来说，系统设计和数据的规范性和标准化工作是极其重要的，这是系统各模块间可正常运行的保证，也是系统开放性和数据共享的要求。

（2）兼容性和可扩充性

系统具有兼容性，提供通用的访问接口，方便与相关的信息分析管理系统进行交互。系统具有可扩充性，容易扩展，能够根据不同的需求提供不同的功能和处理能力，对数据、功能、网络结构的扩充方便简单。同时可以应用到各个层次，提供给其他系统共享应用和服务。

（3）可靠性和稳定性

可靠性由系统的坚固性和容错性决定。"多病"软件不仅影响使用，而且会对所建信息系统的基础数据造成无法挽回的损失。系统的可靠性是系统性能的重要指标。稳定性是指系统的正确性、健壮性两方面：一方面应保证系统长期正常运转；另一方面，系统必须有足够的健壮性，在发生意外的软、硬件故障等情况下，能够很好地处理并给出错误报告，并且能够得到及时的修复，减少不必要的损失。

（4）实用性和易操作原则

系统建设要充分考虑用户当前各业务层次、各环节管理中数据处理的便利性和可行性，把满足用户的业务需要作为系统开发建设的第一要素进行考虑，能够最大限度地满足实际工作要求。在系统建设过程中的人机操作设计均应充分考虑用户的需求，尽量采用用户的工作用语并体现用户的工作习惯、工作模式；用户接口及界面设计要充分考虑人体结构特征及视觉特征进行优化设计，界面尽可能美观大方，操作简便实用。

（5）安全性和可操作性

安全性是一个优秀系统的必要特征，系统的安全要求有：未经授权，用户不得对系统和数据进行访问，用户不得对数据进行修改，用户一旦对数据进行了修改，就不能事后否认，防止不合法的使用所造成的数据泄露、修改或破坏。

（6）按人机系统工程学和软件工程方法设计系统

从全系统的总体要求出发，按人机之间的信息传递，信息加工和信息控制等作用方式，形成一个相互关联、相互作用、相互影响、相互制约的系统。按人机系统工程的方法，合理地安排系统中的每一个布局，以获得处理系统的整体最优效益。

（7）充分利用已有成果和技术积累

充分利用现有的技术积累，在统一领导、规划、协调下进行系统建设，最大限度地利用已有系统的资源，包括技术和成果，同时最大限度地实现资源共享，更好地指导本系统的设计和建设。

4.2　架构设计

4.2.1　概述

在此之前，对于类似的业务系统大多采用了 C/S 架构，C/S 软件系统在开发效率、响应速度上有一定优势，但是 C/S 模式需要在客户端安装软件，并且一般复杂的业务系统，由于依赖软件较多，导致安装过程往往过于复杂，并且对系统挑剔，后期维护升级困难，因此，C/S 系统对系统的推广使用制造了很多障碍。B/S 模式下，用户通过网页浏览器使用业务系统，虽然开发过程较为繁琐，开发效率较低，服务端负荷较重，但是只要合理设计，发布的 B/S 业务系统不需要专门的客户端维护，对于系统的推广、升级非常方便，因此，这个系统我们选择 B/S 架构模式，在服务端读取数据库并进行业务计算与处理，在 Web 客户端进行人机交互与表现。

在 Web 开发技术体系选择方面，可以考虑 Asp. net、PHP、JSP 三种主流技术。Asp. net 是 B/S 开发的后起之秀，有微软公司的强大支持，但是其跨平台性和企业级特性还暂时没有超越 JSP 体系；PHP 简易高效，并且跨平台，是大部分轻量级网站应用开发的首要选择，但是服务端开发能力较弱，不适合类似本系统这种服务端比较复杂的应用；JSP 可以结合 J2EE 强大的企业级特性优势，可以跨平台，服务端开发能力也极强，社区资源丰富，因此本系统采用 JSP+J2EE 的体系架构。

由于本系统对可视化的定义是"三维动态演示"，因此可视化模块方面必须选择一款支持三维显示，并且能够快速可视化大规模地形地貌数据、矢量数据的软件。由武汉吉嘉时空信息技术有限公司开发的三维虚拟仿真地球软件 Gaea Explorer，已经在类似项目中取得了许多成功应用，特别是其在"金沙江下游梯级水电站水文泥沙数据库及信息管理分析系统"中的成功应用，充分证明了本系统采用 Gaea Explorer 软件的可行性。

服务器采用大型商用数据库 Oracle 11g 来管理空间数据、业务数据、用户数据和元数据，充分保证了数据库系统的稳定性、安全性、高效性和海量数据存储及快速访问能力。

4.2.2　软件体系架构图

系统的软件体系结构采用以数据库为技术核心、三维地理信息系统为支持的 B/S 模式，即在系统软件和支撑软件的基础上，建立应用表现层/业务层/组件层/数据层的多层结构，如图 4-1 所示。不同的服务层具有不同的应用特点，在处理系统建设中也具有不同程度的复用和更新。其中数据层和组件层的通信采用数据库适配器技术，支持多源异构数据库的读取和存储。业务层通过对组件层的细粒度服务进行封装，提供简洁实用的业务操作服务。表现层以三维、动态过程等形式表现，提供可视化的操作方式。

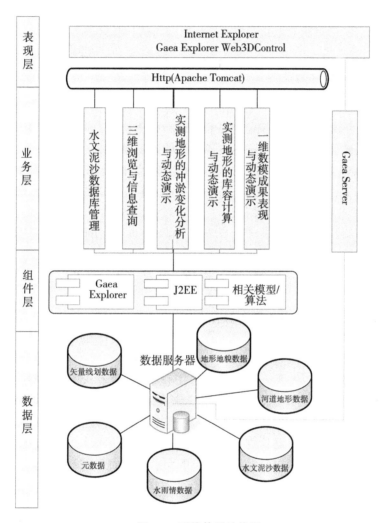

图 4-1　系统体系结构图

　　数据层：主要提供整个系统的数据以及各种基础数据的存储和管理。这一层的服务是整个系统运行的基础，尽管会随综合判定业务模式在未来的变换而有所变化，但主要部分或模块在未来的处理系统中可进行复用。在本系统中，数据层的内容包括：地形地貌数据、矢量线划数据、河道地形数据、水文泥沙数据(含水雨情数据)等。

　　组件层：主要提供业务层使用的相关组件，包括 J2EE 框架、Gaea Explorer 以及相关算法模型，是一种细粒度的组件。其中的各种算法模型会随着应用的深入不断完善，而且在未来升级时可进行完全重用。

　　业务层：业务层主要提供面向最终用户使用的各类服务，其内容包括三维浏览与信息查询、实测地形的冲淤变化分析与动态演示、实测地形的库容计算与动态演示、一维数模的泥沙冲淤变化成果表现与动态演示、水文泥沙数据库管理等。这个服务层次主要依赖于用户的需求。在需求基本固定的情况下，该服务层具有一定的通用性。

表现层：表现层提供人机交互界面以及信息的最终表达。这一层次的服务和其他服务都有一定的相关性，但也具有很好的复用性，可以根据操作需求、设备需求的变化进行升级改造。

4.2.3　软件开发设计与技术

4.2.3.1　开发设计

在 4.2.1 节中，讲述了根据目前的技术基础和系统特点，设计采用基于 JavaEE 体系架构的 B/S 应用模式，下面我们讨论实现该应用的开发模式。

目前，在 JavaEE 技术体系中，使用频率比较高的技术组合是 Spring + MyBatis + Ehcache，其中 Spring 负责业务逻辑关系与 MVC 模式，MyBatis 实现数据库持久化，Ehcache 负责实现数据访问的高速缓存。

目前，页面前端开发的主流模式是 HTML + CSS + Javascript，但是使用这些技术从零开始构建系统非常的不明智，以 jQuery、Dojo 等为代表的 Javascript 开发框架大大减轻了 Javascript 给程序员带来的开发困扰，并且提高了开发效率，另外以 EasyUI、Bootstrap 为代表的 Web 前端控件库大大增强了前端页面的开发效率，综合本系统的特点与团队的资源积累，我们选择 jQuery+EasyUI 作为前端技术开发框架。系统架构图如图 4-2 所示。

4.2.3.2　开发技术

1. JavaEE

JavaEE 是 J2EE(Java 2 Platform, Enterprise Edition)的更新版本，具有更多特性，是一个为大企业主机级的计算类型而设计的 Java 平台。Sun 微系统(与其工业伙伴一起，例如 IBM)设计了 J2EE，以此来简化在瘦客户级环境下的应用开发。由于创造了标准的可重用模块组件以及由于构建出能自动处理编程中多方面问题的等级结构，J2EE 简化了应用程序的开发，也降低了对编程和对受训的程序员的要求，下面是 J2EE 的优势分析。

J2EE 为搭建具有可伸缩性、灵活性、易维护性的商务系统提供了良好的机制：

1)保留现存的 IT 资产

由于企业必须适应新的商业需求，利用已有的企业信息系统方面的投资，而不是重新制定全盘方案。这样，一个以渐进的(而不是激进的，全盘否定的)方式建立在已有系统之上的服务器端平台机制是公司所需求的。J2EE 架构可以充分利用用户原有的投资，如一些公司使用的 BEA Tuxedo、IBM CICS、IBM Encina、Inprise VisiBroker 以及 Netscape Application Server。这之所以成为可能是因为 J2EE 拥有广泛的业界支持和一些重要的"企业计算"领域供应商的参与。每一个供应商都对现有的客户提供了不用废弃已有投资，进入可移植的 J2EE 领域的升级途径。由于基于 J2EE 平台的产品几乎能够在任何操作系统和硬件配置上运行，现有的操作系统和硬件也能被保留使用。

2)高效的开发

J2EE 允许公司把一些通用的、很繁琐的服务端任务交给中间供应商去完成。这样开

图 4-2 系统架构图

发人员可以集中精力在如何创建商业逻辑上，相应地缩短开发时间。高级中间件供应商提供以下这些复杂的中间件服务：

状态管理服务——让开发人员写更少的代码，不用关心如何管理状态，这样能够更快地完成程序开发。

持续性服务——让开发人员不用对数据访问逻辑进行编码就能编写应用程序，能生成更轻巧，与数据库无关的应用程序，这种应用程序更易于开发与维护。

分布式共享数据对象 CACHE 服务——让开发人员编制高性能的系统，极大地提高整体部署的伸缩性。

3）支持异构环境

J2EE 能够开发部署在异构环境中的可移植程序。基于 J2EE 的应用程序不依赖任何特定操作系统、中间件、硬件。因此设计合理的基于 J2EE 的程序只需开发一次就可部署到各种平台，这在典型的异构企业计算环境中是十分关键的。J2EE 标准也允许客户订购与J2EE 兼容的第三方的现成的组件，把它们部署到异构环境中，节省了由自己制定整个方案所需的费用。

4）可伸缩性

企业必须要选择一种服务器端平台，这种平台应能提供极佳的可伸缩性去满足那些在他们系统上进行商业运作的大批新客户。基于 J2EE 平台的应用程序可被部署到各种操作系统上。例如可被部署到高端 UNIX 与大型机系统,这种系统单机可支持 64 至 256 个处理器(这是 NT 服务器所望尘莫及的)。J2EE 领域的供应商提供了更为广泛的负载平衡策略,能消除系统中的瓶颈,允许多台服务器集成部署。这种部署可达数千个处理器,实现可高度伸缩的系统,满足未来商业应用的需要。

5)稳定的可用性

一个服务器端平台必须能全天候运转以满足公司客户、合作伙伴的需要。因为 Internet 是全球化的、无处不在的,即使在夜间按计划停机也可能造成严重损失。若是意外停机,那会有灾难性后果。J2EE 部署到可靠的操作环境中,它们支持长期的可用性。一些 J2EE 部署在 Windows 环境中,客户也可选择鲁棒性(稳定性)更好的操作系统如 Sun Solaris、IBM OS/390。鲁棒性最好的操作系统可达到 99.999% 的可用性或每年只需 5 分钟的停机时间。这是实时性很强的商业系统理想的选择。

2. Spring

Spring 框架是由于软件开发的复杂性而创建的。Spring 使用的是基本的 JavaBean 来完成以前只可能由 EJB 完成的事情。然而,Spring 的用途不仅仅限于服务器端的开发。从简单性、可测试性和松耦合性的角度而言,绝大部分 Java 应用都可以从 Spring 中受益。

1)起源

Spring 是一个轻量级控制反转(IoC)和面向切面(AOP)的容器框架。要谈 Spring 的历史,就要先谈 J2EE。J2EE 应用程序的广泛实现是在 1999 年和 2000 年开始的,它的出现带来了诸如事务管理之类的核心中间层概念的标准化,但是在实践中并没有获得绝对的成功,因为开发效率、开发难度和实际的性能都令人失望。

曾经使用过 EJB 开发 J2EE 应用的人一定知道,EJB 开始的学习和应用非常艰苦,很多东西不能一下子就很容易理解。EJB 要严格地实现各种不同类型的接口,类似的或者重复的代码大量存在,而配置也是复杂的和单调的,同样,使用 JNDI 进行对象查找的代码也是单调而枯燥的。虽然有一些开发工作随着 xdoclet 的出现而有所缓解,但是学习 EJB 的高昂代价和极低的开发效率,极高的资源消耗,都造成了 EJB 的使用困难,而 Spring 出现的初衷就是为了解决类似的这些问题。

Spring 的一个最大的目的就是使 J2EE 开发更加容易。同时,Spring 之所以与 Struts、Hibernate 等单层框架不同,是因为 Spring 致力于提供一个以统一的、高效的方式构造整个应用,并且可以将单层框架以最佳的组合揉合在一起建立一个连贯的体系。可以说 Spring 是一个提供了更完善开发环境的一个框架,可以为 POJO(Plain Old Java Object)对象提供企业级的服务。

Spring 的形成,最初来自 Rod Jahnson 所著的一本很有影响力的书籍 *Expert One-on-One J2EE Design and Development*,就是在这本书中第一次出现了 Spring 的一些核心思想,该书出版于 2002 年。另外一本书 *Expert One-on-One J2EE Development without EJB*,更进一步阐述了在不使用 EJB 开发 J2EE 企业级应用的一些设计思想和具体的做法。感兴趣的读者可以自行了解。

Spring 的初衷:

①J2EE 开始应该更加简单。

②使用接口而不是使用类，是更好的编程习惯。Spring 将使用接口的复杂度几乎降低到了零。

③为 JavaBean 提供了一个更好的应用配置框架。

④更多地强调面向对象的设计，而不是现行的技术如 J2EE。

⑤尽量减少不必要的异常捕捉。

⑥使应用程序更加容易测试。

Spring 的目标：

①可以更加方便地使用 Spring，用户体验好。

②应用程序代码并不依赖于 Spring APIs。

③Spring 不和现有的解决方案竞争，而是致力于将它们融合在一起。

Spring 的基本组成：

①最完善的轻量级核心框架。

②通用的事务管理抽象层。

③JDBC 抽象层。

④集成了 Toplink，Hibernate，JDO 和 iBATIS SQL Maps。

⑤AOP 功能。

⑥灵活的 MVC Web 应用框架。

2）特点

①J2EE 应该更加容易使用。

②面向对象的设计比任何实现技术（比如 J2EE）都重要。

③面向接口编程，而不是针对类编程。Spring 将使用接口的复杂度降低到零。

④代码应该易于测试。Spring 框架会使代码的测试更加简单。

⑤JavaBean 提供了应用程序配置的最好方法。

⑥在 Java 中，已检查异常（checked exception）被过度使用。框架不应该迫使用户捕获不能恢复的异常。

3）特征

①轻量。从大小与开销两方面而言，Spring 都是轻量的。完整的 Spring 框架可以在一个大小只有 1MB 多的 JAR 文件里发布。并且 Spring 所需的处理开销也是微不足道的。此外，Spring 是非侵入式的：典型地，Spring 应用中的对象不依赖于 Spring 的特定类。

②控制反转。Spring 通过一种称作控制反转（IoC）的技术促进了松耦合。当应用了 IoC，一个对象依赖的其他对象会通过被动的方式传递进来，而不是这个对象自己创建或者查找依赖对象。用户可以认为 IoC 与 JNDI 相反——不是对象从容器中查找依赖，而是容器在对象初始化时不等对象请求就主动将依赖传递给它。

③面向切面。Spring 提供了面向切面编程的丰富支持，允许通过分离应用的业务逻辑与系统级服务（例如审计（auditing）和事务（transaction）管理）进行内聚性的开发。应用对象只实现它们应该做的——完成业务逻辑——仅此而已。它们并不负责（甚至是意识）其他的系统级关注点，例如日志或事务支持。

④容器。Spring 包含并管理应用对象的配置和生命周期，在这个意义上它是一种容器，用户可以配置每个 bean 如何被创建——基于一个可配置原型（prototype），bean 可以创建一个单独的实例或者每次需要时都生成一个新的实例——以及它们是如何相互关联的。然而，Spring 不应该被混同于传统的重量级的 EJB 容器，它们经常是庞大与笨重的，难以使用。

⑤框架。Spring 可以将简单的组件配置、组合成为复杂的应用。在 Spring 中，应用对象被声明式地组合，典型地是在一个 XML 文件里。Spring 也提供了很多基础功能（事务管理、持久化框架集成等），将应用逻辑的开发留给了用户。

所有 Spring 的这些特征能够帮助用户编写出更干净、更可管理、并且更易于测试的代码。它们也为 Spring 中的各种模块提供了基础支持。

4）模块构成

Spring 框架由七个定义明确的模块组成，如果作为一个整体，这些模块为用户提供了开发企业应用所需的一切，但用户不必将应用完全基于 Spring 框架。用户可以自由地挑选适合自己的应用模块而忽略其余的模块。就像用户所看到的，所有的 Spring 模块都是在核心容器之上构建的。容器定义了 Bean 是如何创建、配置和管理的——更多的 Spring 细节。当用户配置自己的应用时，就会潜在地使用这些类。但是作为一名开发者，用户最可能对影响容器所提供的服务的其他模块感兴趣。这些模块将会为用户提供用于构建应用服务的框架，例如 AOP 和持久性。七个模块组成如下：

（1）核心容器

这是 Spring 框架最基础的部分，它提供了依赖注入（Dependency Injection）特征来实现容器对 Bean 的管理。这里最基本的概念是 BeanFactory，它是任何 Spring 应用的核心。BeanFactory 是工厂模式的一个实现，它使用 IoC 将应用配置和依赖说明从实际的应用代码中分离出来。

（2）应用上下文（Context）模块

核心模块的 BeanFactory 使 Spring 成为一个容器，而上下文模块使它成为一个框架。这个模块扩展了 BeanFactory 的概念，增加了对国际化（I18N）消息、事件传播以及验证的支持。

另外，这个模块提供了许多企业服务，例如电子邮件、JNDI 访问、EJB 集成、远程以及时序调度（scheduling）服务，也包括了对模版框架例如 Velocity 和 FreeMarker 集成的支持。

（3）Spring 的 AOP 模块

Spring 在它的 AOP 模块中提供了对面向切面编程的丰富支持。这个模块是在 Spring 应用中实现切面编程的基础。为了确保 Spring 与其他 AOP 框架的互用性，Spring 的 AOP 支持基于 AOP 联盟定义的 API。AOP 联盟是一个开源项目，它的目标是通过定义一组共同的接口和组件来促进 AOP 的使用以及不同的 AOP 实现之间的互用性。通过访问它们的站点，用户可以找到关于 AOP 联盟的更多内容。

Spring 的 AOP 模块也将元数据编程引入了 Spring。使用 Spring 的元数据支持，用户可以为源代码增加注释，指示 Spring 在何处以及如何应用切面函数。

（4）JDBC 抽象和 DAO 模块

使用 JDBC 经常导致大量的重复代码，取得连接、创建语句、处理结果集，然后关闭连接。Spring 的 JDBC 和 DAO 模块抽取了这些重复代码，因此用户可以保持数据库访问代码干净简洁，并且可以防止因关闭数据库资源失败而引起的问题。

这个模块还在几种数据库服务器给出的错误消息之上建立了一个有意义的异常层，使用户不用再试图破译神秘的私有的 SQL 错误消息！

另外，这个模块还使用了 Spring 的 AOP 模块为 Spring 应用中的对象提供了事务管理服务。

（5）对象/关系映射集成模块

对那些更喜欢使用对象/关系映射工具而不是直接使用 JDBC 的人，Spring 提供了ORM 模块。Spring 并不试图实现它自己的 ORM 解决方案，而是为几种流行的 ORM 框架提供了集成方案，包括 Hibernate、JDO 和 iBATIS SQL 映射。Spring 的事务管理支持这些ORM 框架中的每一个，也包括 JDBC。

（6）Spring 的 Web 模块

Web 上下文模块建立于应用上下文模块之上，提供了一个适合于 Web 应用的上下文。另外，这个模块还提供了一些面向服务支持。例如：实现文件上传的 multipart 请求，它也提供了 Spring 和其他 Web 框架的集成，比如 Struts、WebWork。

（7）Spring 的 MVC 框架

Spring 为构建 Web 应用提供了一个功能全面的 MVC 框架。虽然 Spring 可以很容易地与其他 MVC 框架集成，例如 Struts，但 Spring 的 MVC 框架使用 IoC 对控制逻辑和业务对象提供了完全的分离。它也允许用户声明性地将请求参数绑定到其业务对象中，此外，Spring 的 MVC 框架还可以利用 Spring 的任何其他服务，例如国际化信息与验证。

3. MyBatis

MyBatis 本是 apache 的一个开源项目 iBatis，2010 年这个项目由 apache software foundation 迁移到了 google code，并且改名为 MyBatis 。2013 年 11 月迁移到 Github。iBatis 一词来源于"internet"和"abatis"的组合，是一个基于 Java 的持久层框架。iBatis 提供的持久层框架包括 SQL Maps 和 Data Access Objects（DAO）。

MyBatis 是支持普通 SQL 查询、存储过程和高级映射的优秀持久层框架。MyBatis 消除了几乎所有的 JDBC 代码和参数的手工设置以及结果集的检索。MyBatis 使用简单的XML 或注解用于配置和原始映射，将接口和 Java 的 POJOs（Plain Old Java Objects，普通的Java 对象）映射成数据库中的记录。每个 MyBatis 应用程序主要都是使用 SqlSessionFactory实例的，一个 SqlSessionFactory 实例可以通过 SqlSessionFactoryBuilder 获得。SqlSessionFactoryBuilder 可以从一个 xml 配置文件或者一个预定义的配置类的实例获得。用 xml 文件构建 SqlSessionFactory 实例是非常简单的事情。推荐在这个配置中使用类路径资源（classpath resource），但用户可以使用任何 Reader 实例，包括使用文件路径或"file：//"开头的 url 创建的实例。MyBatis 有一个实用类——Resources，它有很多方法，可以方便地从类路径及其他位置加载资源。

1）功能架构

MyBatis 的功能架构分为三层，如图 4-3 所示。

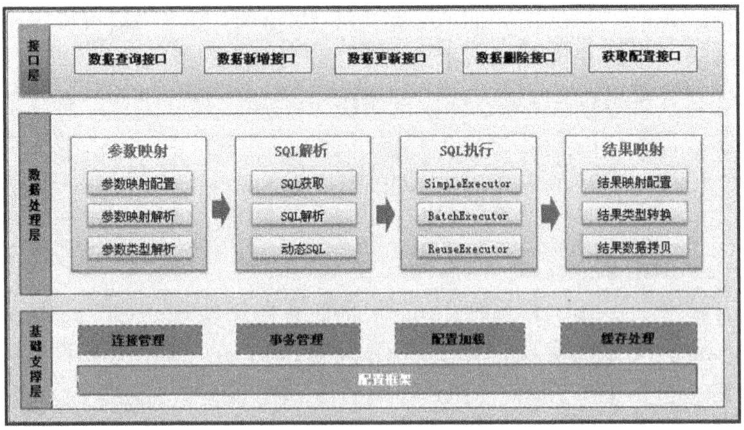

图 4-3　MyBatis 功能架构图

①API 接口层：提供给外部使用的接口 API，开发人员通过这些本地 API 来操纵数据库。接口层一接收到调用请求就会调用数据处理层来完成具体的数据处理。

②数据处理层：负责具体的 SQL 查找、SQL 解析、SQL 执行和执行结果映射处理等。它主要的目的是根据调用的请求完成一次数据库操作。

③基础支撑层：负责最基础的功能支撑，包括连接管理、事务管理、配置加载和缓存处理，这些都是共用的东西，将它们抽取出来作为最基础的组件，为上层的数据处理层提供最基础的支撑。

这里解释一下架构图中的加载配置、SQL 解析、SQL 执行和结果映射。

①加载配置：配置来源于两个地方，一处是配置文件，一处是 Java 代码的注解，将 SQL 的配置信息加载成为一个 MappedStatement 对象（包括了传入参数映射配置、执行的 SQL 语句、结果映射配置），存储在内存中。如图 4-4 所示为 MyBatis 的结构图。

②SQL 解析：当 API 接口层接收到调用请求时，会接收到传入 SQL 的 ID 和传入对象（可以是 Map、JavaBean 或者基本数据类型），MyBatis 会根据 SQL 的 ID 找到对应的 MappedStatement，然后根据传入参数对象对 MappedStatement 进行解析，解析后可以得到最终要执行的 SQL 语句和参数。

③QL 执行：将最终得到的 SQL 和参数拿到数据库进行执行，得到操作数据库的结果。

④结果映射：将操作数据库的结果按照映射的配置进行转换，可以转换成 HashMap、JavaBean 或者基本数据类型，并将最终结果返回。

2）动态 SQL

MyBatis 最强大的特性之一就是它的动态语句功能。如果用户以前有使用 JDBC 或者类似框架的经历，就会明白把 SQL 语句条件连接在一起是多么的痛苦，要确保不能忘记空格或者不要在 columns 列后面省略一个逗号等。动态语句能够完全解决掉这些痛苦。

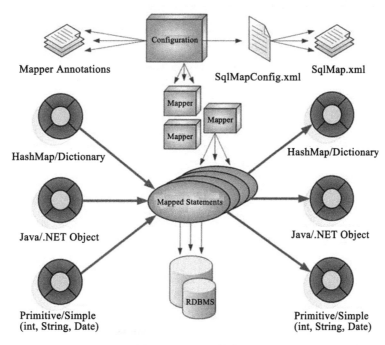

图 4-4　MyBatis 结构图

尽管与动态 SQL 一起工作不是在开一个 party，但是 MyBatis 确实能通过在任何映射 SQL 语句中使用强大的动态 SQL 来改进这些状况。动态 SQL 元素对于任何使用过 JSTL 或者类似于 XML 之类的文本处理器的人来说，都是非常熟悉的。在上一版本中，需要了解和学习非常多的元素，但在 MyBatis 3 中有了许多的改进，现在只剩下差不多二分之一的元素。MyBatis 使用了基于强大的 OGNL 表达式来消除大部分元素。

3）处理流程

（1）加载配置并初始化

触发条件：加载配置文件

处理过程：将 SQL 的配置信息加载成为一个个 MappedStatement 对象（包括了传入参数映射配置、执行的 SQL 语句、结果映射配置），存储在内存中。

（2）接收调用请求

触发条件：调用 MyBatis 提供的 API。

传入参数：为 SQL 的 ID 和传入参数对象。

处理过程：将请求传递给下层的请求处理层进行处理。

（3）处理操作请求

触发条件：API 接口层传递请求过来。

传入参数：为 SQL 的 ID 和传入参数对象。

处理过程：

①根据 SQL 的 ID 查找对应的 MappedStatement 对象。

②根据传入参数对象解析 MappedStatement 对象，得到最终要执行的 SQL 和执行传入

参数。

③获取数据库连接，根据得到的最终 SQL 语句和执行传入参数到数据库执行，并得到执行结果。

④根据 MappedStatement 对象中的结果映射配置对得到的执行结果进行转换处理，并得到最终的处理结果。

⑤释放连接资源。

（4）返回处理结果

将最终的处理结果返回。

4. Ehcache

Ehcache 是一个纯 Java 的进程内缓存框架，具有快速、精干等特点，是 Hibernate 中默认的 CacheProvider。Ehcache 是一种广泛使用的开源 Java 分布式缓存。主要面向通用缓存，JavaEE 和轻量级容器。它具有内存和磁盘存储，缓存加载器，缓存扩展，缓存异常处理程序，一个 gzip 缓存 servlet 过滤器，支持 REST 和 SOAP api 等特点。

1）特点

（1）快速轻量

①过去几年，诸多测试表明 Ehcache 是最快的 Java 缓存之一。

②Ehcache 的线程机制是为大型高并发系统设计的。

③大量性能测试用例保证 Ehcache 在不同版本间性能表现的一致性。

④很多用户都不知道他们正在用 Ehcache，因为不需要什么特别的配置。

⑤API 易于使用，这就很容易部署上线和运行。

⑥很小的 jar 包，Ehcache 2.2.3 才 668KB。

⑦最小的依赖：唯一的依赖就是 SLF4J 了。

（2）伸缩性

①缓存在内存和磁盘存储中可以伸缩到数 G，Ehcache 为大数据存储做过优化。

②大内存的情况下，所有进程可以支持数百 G 的吞吐。

③Cx 为高并发和大型多 CPU 服务器做优化。

④线程安全和性能总是一对矛盾，Ehcache 的线程机制设计采用了 Doug Lea 的想法来获得较高的性能。

⑤单台虚拟机上支持多缓存管理器。

⑥通过 Terracotta 服务器矩阵，可以伸缩到数百个节点。

（3）灵活性

①Ehcache 1.2 具备对象 API 接口和可序列化 API 接口。

②不能序列化的对象可以使用除磁盘存储外 Ehcache 的所有功能。

③除了元素的返回方法以外，API 都是统一的。只有这两个方法不一致：getObjectValue 和 getKeyValue。这就使得缓存对象、序列化对象来获取新的特性这个过程很简单。

④支持基于 Cache 和基于 Element 的过期策略，每个 Cache 的存活时间都是可以设置和控制的。

⑤提供了 LRU、LFU 和 FIFO 缓存淘汰算法，Ehcache 1.2 引入了最少使用和先进先出缓存淘汰算法，构成了完整的缓存淘汰算法。

⑥提供内存和磁盘存储，Ehcache 和大多数缓存解决方案一样，提供高性能的内存和磁盘存储。动态、运行时缓存配置，存活时间、空闲时间、内存和磁盘存放缓存的最大数目都是可以在运行时修改的。

(4)标准支持

①Ehcache 提供了对 JSR107 JCACHE API 最完整的实现。因为 JCACHE 在发布以前，Ehcache 的实现(如 net. sf. jsr107cache)已经发布了。

②实现了 JCACHE API，有利于未来其他缓存解决方案的可移植性。

③Ehcache 的维护者 Greg Luck，正是 JSR107 的专家委员会委员。

(5)可扩展性

①监听器可以插件化。Ehcache 1.2 提供了 CacheManagerEventListener 和 Cache EventListener 接口，实现可以插件化，并且可以在 ehcache. xml 里配置。

②节点发现，冗余器和监听器都可以插件化。

③分布式缓存，从 Ehcache 1.2 开始引入，包含了一些权衡的选项。Ehcache 的团队相信没有什么是万能的配置。

④实现者可以使用内建的机制或者完全自己实现，因为有完整的插件开发指南。

⑤缓存的可扩展性可以插件化。创建用户自己的缓存扩展，它可以持有一个缓存的引用，并且绑定在缓存的生命周期内。

⑥缓存加载器可以插件化。创建用户自己的缓存加载器，可以使用一些异步方法来加载数据到缓存里面。

⑦缓存异常处理器可以插件化。创建一个异常处理器，在异常发生的时候，可以执行某些特定操作。

(6)应用持久化

①在 VM 重启后，持久化到磁盘的存储可以复原数据。

②Ehcache 是第一个引入缓存数据持久化存储的开源 Java 缓存框架。缓存的数据可以在机器重启后从磁盘上重新获得。

③根据需要将缓存刷到磁盘。将缓存条目刷到磁盘的操作可以通过 cache. flush( )方法来执行，这大大方便了 Ehcache 的使用。

(7)监听器

①缓存管理器监听器。允许注册实现了 CacheManagerEventListener 接口的监听器：

notifyCacheAdded( )；

notifyCacheRemoved( )。

②缓存事件监听器。允许注册实现了 CacheEventListener 接口的监听器，它提供了许多对缓存事件发生后的处理机制：notifyElementRemoved/Put/Updated/Expired。

(8)开启 JMX

Ehcache 的 JMX 功能是默认开启的，用户可以监控和管理如下的 MBean：

CacheManager、Cache、CacheConfiguration、CacheStatistics。

（9）分布式缓存

从 Ehcache 1.2 开始，支持高性能的分布式缓存，兼具灵活性和扩展性。分布式缓存的选项包括：

①通过 Terracotta 的缓存集群：设定和使用 Terracotta 模式的 Ehcache 缓存。缓存发现是自动完成的，并且有很多选项可以用来调试缓存行为和性能。

②使用 RMI、JGroups 或者 JMS 来冗余缓存数据：节点可以通过多播或发现者手动配置。状态更新可以通过 RMI 连接来异步或者同步完成。

③Custom：一个综合的插件机制，支持发现和复制的能力。

④可用的缓存复制选项：支持通过 RMI、JGroups 或 JMS 进行异步或同步的缓存复制。

⑤可靠的分发：使用 TCP 的内建分发机制。

⑥节点发现：节点可以手动配置或者使用多播自动发现，并且可以自动添加和移除节点。对于多播阻塞的情况下，手动配置可以很好地控制。

⑦分布式缓存可以任意时间加入或者离开集群。缓存可以配置在初始化的时候执行引导程序员。

⑧BootstrapCacheLoaderFactory 抽象工厂，实现了 BootstrapCacheLoader 接口（RMI 实现）。

⑨缓存服务端。Ehcache 提供了一个 Cache Server，一个 war 包，为绝大多数 Web 容器或者是独立的服务器提供支持。

⑩缓存服务端有两组 API：面向资源的 RESTful，还有就是 SOAP。客户端没有实现语言的限制。

⑪RESTful 缓存服务器：Ehcached 的实现严格遵循 RESTful 面向资源的架构风格。

⑫ SOAP 缓存服务端：Ehcache RESTFul Web Services API 暴露了单例的 CacheManager，它能在 ehcache.xml 或者 IoC 容器里面配置。

⑬标准服务端包含了内嵌的 Glassfish Web 容器。它被打成了 war 包，可以任意部署到支持 Servlet 2.5 的 Web 容器内。Glassfish V2/3、Tomcat 6 和 Jetty 6 都已经经过了测试。

（10）搜索

标准分布式搜索使用了流式查询接口的方式，请参阅文档。

（11）Java EE 和应用缓存

①为普通缓存场景和模式提供高质量的实现。

②阻塞缓存：它的机制避免了复制进程并发操作的问题。

③SelfPopulatingCache 在缓存一些开销昂贵操作时显得特别有用，它是一种针对读优化的缓存。

④它不需要调用者知道缓存元素怎样被返回，也支持在不阻塞读的情况下刷新缓存条目。

⑤CachingFilter：一个抽象、可扩展的 cache filter。

⑥SimplePageCachingFilter：用于缓存基于 request URI 和 Query String 的页面。它可以根据 HTTP request header 的值来选择采用或者不采用 gzip 压缩方式将页面发到浏览器端。用户可以用它来缓存整个 Servlet 页面，无论用户采用的是 JSP、velocity，或者其他的页面

渲染技术。

⑦SimplePageFragmentCachingFilter：缓存页面片段，基于 request URI 和 Query String。在 JSP 中使用 jsp：include 标签包含。

⑧已经使用 Orion 和 Tomcat 测试过，兼容 Servlet 2.3、Servlet 2.4 规范。

⑨Cacheable 命令：这是一种老的命令行模式，支持异步行为、容错。

⑩兼容 Hibernate，兼容 Google App Engine。

⑪基于 JTA 的事务支持，支持事务资源管理，二阶段提交和回滚，以及本地事务。

2）结构设计

Ehcache 的结构设计如图 4-5 所示：

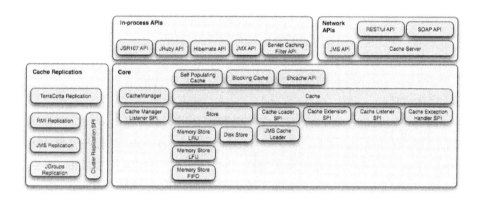

图 4-5　Ehcache 的结构设计图

几个核心定义解释如下：

①Cache Manager：缓存管理器，以前是只允许单例的，不过现在也可以多实例了。

②Cache：缓存管理器内可以放置若干 Cache，存放数据的实质，所有 Cache 都实现了 Ehcache 接口。

③Element：单条缓存数据的组成单位。

④System of Record（SOR）：可以取到真实数据的组件，可以是真正的业务逻辑、外部接口调用、存放真实数据的数据库等，缓存就是从 SOR 中读取或者写入到 SOR 中去的。

3）模块列表

Ehcache 的所有模块都是独立的库，每个都为 Ehcache 添加新的功能，如下：

ehcache-core：API，标准缓存引擎，RMI 复制和 Hibernate 支持。

ehcache：分布式 Ehcache，包括 Ehcache 的核心和 Terracotta 的库。

ehcache-monitor：企业级监控和管理。

ehcache-web：为 Java Servlet Container 提供缓存、gzip 压缩支持的 filters。

ehcache-jcache：JSR107 JCACHE 的实现。

ehcache-jgroupsreplication：使用 JGroup 的复制。

ehcache-jmsreplication：使用 JMS 的复制。

ehcache-openjpa：OpenJPA 插件。

ehcache-server：war 内部署或者单独部署的 RESTful cache server。

ehcache-unlockedreadsview：允许 Terracotta cache 的无锁读。

ehcache-debugger：记录 RMI 分布式调用事件。

Ehcache for Ruby：Jruby and Rails 支持。

4）一致性模型

①强一致性模型：系统中的某个数据被成功更新（事务成功返回）后，后续任何对该数据的读取操作都得到更新后的值。这是传统关系数据库提供的一致性模型，也是关系数据库深受人们喜爱的原因之一。强一致性模型下的性能消耗通常是最大的。

②弱一致性模型：系统中的某个数据被更新后，后续对该数据的读取操作得到的不一定是更新后的值，这种情况下通常有个"不一致性时间窗口"存在：即数据更新完成后再经过这个时间窗口，后续读取操作就能够得到更新后的值。

③最终一致性模型：属于弱一致性的一种，即某个数据被更新后，如果该数据后续没有被再次更新，那么最终所有的读取操作都会返回更新后的值。

5）缓存拓扑类型

①独立缓存（Standalone Ehcache）：这样的缓存应用节点都是独立的，互相不通信。

②分布式缓存（Distributed Ehcache）：数据存储在 Terracotta 的服务器阵列（Terracotta Server Array，TSA）中，但是最近使用的数据，可以存储在各个应用节点中。

③复制式缓存（Replicated Ehcache）：缓存数据时同时存放在多个应用节点的，数据复制和失效的事件以同步或者异步的形式在各个集群节点间传播。上述事件到来时，会阻塞写线程的操作。在这种模式下，只有弱一致性模型。

6）自动资源控制

Ehcache 提供了一种智能途径来控制缓存，调优性能。特性包括：

①内存内缓存对象大小的控制，避免 OOM 出现。

②池化（Cache Manager 级别）的缓存大小获取，避免单独计算缓存大小的消耗。

③灵活的独立基于层的大小计算能力，不同层的大小都是可以单独控制的。

④可以统计字节大小、缓存条目数和百分比。

⑤优化高命中数据的获取，以提升性能，参见下面对缓存数据在不同层之间流转的介绍。

缓存数据的流转包括了这样几种行为：

①Flush：缓存条目向低层次移动。

②Fault：从低层拷贝一个对象到高层。在获取缓存的过程中，某一层发现自己的该缓存条目已经失效，就触发了 Fault 行为。

③Eviction：把缓存条目除去。

④Expiration：失效状态。

⑤Pinning：强制缓存条目保持在某一层。

5. jQuery

jQuery 是一个快速、简洁的 JavaScript 框架，是继 Prototype 之后又一个优秀的

JavaScript 代码库(或 JavaScript 框架)。jQuery 设计的宗旨是"Write Less, Do More",即倡导写更少的代码,做更多的事情。它封装 JavaScript 常用的功能代码,提供一种简便的 JavaScript 设计模式,优化 HTML 文档操作、事件处理、动画设计和 Ajax 交互。jQuery 的文档非常丰富,因为其轻量级的特性,文档并不复杂,随着新版本的发布,可以很快被翻译成多种语言,这也为 jQuery 的流行提供了条件。jQuery 被包在语法上,jQuery 支持 CSS1-3 的选择器,兼容 IE 6.0+,FF 2+,Safari 3.0+,Opera 9.0+,Chrome 等浏览器。同时,jQuery 有约几千种丰富多彩的插件,大量有趣的扩展和出色的社区支持,这弥补了 jQuery 功能较少的不足并为 jQuery 提供了众多非常有用的功能扩展。加之其简单易学,jQuery 很快成为当今最为流行的 JavaScript 库,成为开发网站等复杂度较低的 Web 应用程序的首选 JavaScript 库,并得到了大公司如微软、Google 的支持。

jQuery 的核心特性可以总结为:具有独特的链式语法和短小清晰的多功能接口;具有高效灵活的 CSS 选择器,并且可对 CSS 选择器进行扩展;拥有便捷的插件扩展机制和丰富的插件;jQuery 兼容各种主流浏览器。

jQuery 的模块可以分为 3 部分:入口模块、底层支持模块和功能模块。

在构造 jQuery 对象模块中,如果在调用构造函数"jQuery()"创建 jQuery 对象时传入了选择器表达式,则会调用选择器 Sizzle(一款纯 JavaScript 实现的 CSS 选择器引擎,用于查找与选择器表达式匹配的元素集合)遍历文档,查找与之匹配的 DOM 元素,并创建一个包含了这些 DOM 元素引用的 jQuery 对象。

浏览器功能测试模块提供了针对不同浏览器功能和 bug 的测试结果,其他模块则基于这些测试结果来解决浏览器之间的兼容性问题。

在底层支持模块中,回调函数列表模块用于增强对回调函数的管理,支持添加、移除、触发、锁定、禁用回调函数等功能;异步队列模块用于解耦异步任务和回调函数,它在回调函数列表的基础上为回调函数增加了状态,并提供了多个回调函数列表,支持传播任意同步或异步回调函数的成功或失败状态;数据缓存模块用于为 DOM 元素和 Javascript 对象附加任意类型的数据;队列模块用于管理一组函数,支持函数的入队和出队操作,并确保函数按顺序执行,它基于数据缓存模块实现。

在功能模块中,事件系统提供了统一的事件绑定、响应、手动触发和移除机制,它并没有将事件直接绑定到 DOM 元素上,而是基于数据缓存模块来管理事件;Ajax 模块允许从服务器上加载数据,而不用刷新页面,它基于异步队列模块来管理和触发回调函数;动画模块用于向网页中添加动画效果,它基于队列模块来管理和执行动画函数;属性操作模块用于对 HTML 属性和 DOM 属性进行读取、设置和移除操作;DOM 遍历模块用于在 DOM 树中遍历父元素、子元素和兄弟元素;DOM 操作模块用于插入、移除、复制和替换 DOM 元素;样式操作模块用于获取计算样式或设置内联样式;坐标模块用于读取或设置 DOM 元素的文档坐标;尺寸模块用于获取 DOM 元素的高度和宽度。

1)jQuery 的优势

(1)快速获取文档元素

jQuery 的选择机制构建于 CSS 的选择器,它提供了快速查询 DOM 文档中元素的能力,

61

而且大大强化了 JavaScript 中获取页面元素的方式。

（2）提供漂亮的页面动态效果

jQuery 中内置了一系列的动画效果，可以开发出非常漂亮的网页，许多网站都使用 jQuery 的内置效果，比如淡入淡出、元素移除等动态特效。

（3）创建 AJAX 无刷新网页

AJAX 是异步的 JavaScript 和 ML 的简称，可以开发出非常灵敏无刷新的网页，特别是开发服务器端网页时，比如 PHP 网站，需要往返地与服务器通信，如果不使用 AJAX，每次数据更新不得不重新刷新网页，而使用 AJAX 特效后，可以对页面进行局部刷新，提供动态的效果。

（4）提供对 JavaScript 语言的增强

jQuery 提供了对基本 JavaScript 结构的增强，比如元素迭代和数组处理等操作。

（5）增强的事件处理

jQuery 提供了各种页面事件，它可以避免程序员在 HTML 中添加大事件处理代码，最重要的是，它的事件处理器消除了各种浏览器兼容性问题。

（6）更改网页内容

jQuery 可以修改网页中的内容，比如更改网页的文本、插入或者翻转网页图像，jQuery 简化了原本使用 JavaScript 代码需要处理的方式。

2）jQuery 简洁语法

（1）选择器

jQuery 选择器允许用户对 HTML 元素组或单个元素进行操作。

jQuery 选择器基于元素的 id、类、类型、属性、属性值等"查找"（或选择）HTML 元素。它基于已经存在的 CSS 选择器，除此之外，它还有一些自定义的选择器。

jQuery 中所有选择器都以美元符号开头：$（）。

①元素选择器。

jQuery 元素选择器基于元素名选取元素。

$（"p"）

在页面中选取所有<p>元素

②id 选择器。

jQuery #id 选择器通过 HTML 元素的 id 属性选取指定的元素。

页面中元素的 id 应该是唯一的，所以用户要在页面中选取唯一的元素需要通过 #id 选择器。

通过 id 选取元素语法如下：

$（"#test"）

③class 选择器。

jQuery 类选择器可以通过指定的 class 查找元素。

语法如下：

$（". test"）

（2）事件处理

jQuery 事件方法语法：

在 jQuery 中，大多数 DOM 事件都有一个等效的 jQuery 方法。

页面中指定一个点击事件：

```
$("p").click();
```

下一步是定义什么时间触发事件。用户可以通过一个事件函数实现：

```
$("p").click(function(){
// 动作触发后执行的代码!!
});
```

常用的 jQuery 事件方法：

①$(document).ready()：$(document).ready() 方法允许我们在文档完全加载完后执行函数。该事件方法在 jQuery 语法章节中已经提到过。

②click()：click() 方法是当按钮点击事件被触发时会调用一个函数。

该函数在用户点击 HTML 元素时执行。

在下面的实例中，当点击事件在某个<p>元素上触发时，隐藏当前的<p>元素：

```
$("p").click(function(){
$(this).hide();
});
```

③dblclick()：当双击元素时，会发生 dblclick 事件。

dblclick() 方法触发 dblclick 事件，或规定当发生 dblclick 事件时运行的函数：

```
$("p").dblclick(function(){
$(this).hide();
});
```

④mouseenter()：当鼠标指针穿过元素时，会发生 mouseenter 事件。

mouseenter() 方法触发 mouseenter 事件，或规定当发生 mouseenter 事件时运行的函数。

```
$("#p1").mouseenter(function(){
alert("You entered p1!");
});
```

⑤mouseleave()：当鼠标指针离开元素时，会发生 mouseleave 事件。

mouseleave() 方法触发 mouseleave 事件，或规定当发生 mouseleave 事件时运行的函数：

```
$("#p1").mouseleave(function(){
alert("Bye! You now leave p1!");
});
```

⑥mousedown()：当鼠标指针移动到元素上方，并按下鼠标按键时，会发生 mousedown 事件。

mousedown( )方法触发 mousedown 事件，或规定当发生 mousedown 事件时运行的函数：

```
$("#p1").mousedown(function(){
alert("Mouse down over p1!");
});
```

⑦mouseup( )：当在元素上松开鼠标按钮时，会发生 mouseup 事件。

方法触发 mouseup 事件，或规定当发生 mouseup 事件时运行的函数：

```
$("#p1").mouseup(function(){
alert("Mouse up over p1!");
});
```

⑧hover( )：hover( )方法用于模拟光标悬停事件。

当鼠标移动到元素上时，会触发指定的第一个函数(mouseenter)；当鼠标移出这个元素时，会触发指定的第二个函数(mouseleave)。

```
$("#p1").hover(function(){
alert("You entered p1!");
},
function(){
alert("Bye! You now leave p1!");
});
```

⑨focus( )：当元素获得焦点时，发生 focus 事件。

当通过鼠标点击选中元素或通过 tab 键定位到元素时，该元素就会获得焦点。focus( )方法触发 focus 事件，或规定当发生 focus 事件时运行的函数：

```
$("input").focus(function(){
$(this).css("background-color","#cccccc");
});
```

⑩blur( )：当元素失去焦点时，发生 blur 事件。

blur( )方法触发 blur 事件，或规定当发生 blur 事件时运行的函数：

```
$("input").blur(function(){
$(this).css("background-color","#ffffff");
});
```

6. EasyUI

EasyUI 全称 jQuery EasyUI，是一组基于 jQuery 的 UI 插件集合体，而 jQuery EasyUI 的目标就是帮助 Web 开发者更轻松地打造出功能丰富并且美观的 UI 界面。开发者不需要编写复杂的 javascript，也不需要对 css 样式有深入的了解，开发者需要了解的只有一些简单的 html 标签。

1) EasyUI 的特点

jQuery EasyUI 提供了大多数 UI 控件的使用，如：accordion、combobox、menu、

dialog、tabs、validatebox、datagrid、window、tree 等。

jQuery EasyUI 是基于 jQuery 的一个前台 ui 界面的插件，功能相对没 extjs 强大，但页面也是相当好看的，同时页面支持各种 themes 以满足使用者对于页面不同风格的喜好。一些功能也足够开发者使用，相对于 extjs 更轻量，其有如下特点：

①基于 jQuery 用户界面插件的集合。

②为一些当前用于交互的 js 应用提供必要的功能。

③EasyUI 支持两种渲染方式分别为 javascript 方式（如：$ ('#p'). panel({...})）和 html 标记方式（如：class = "easyui-panel"）。

④支持 HTML5（通过 data-options 属性）。

⑤开发产品时可节省时间和资源。

⑥简单，但很强大。

⑦支持扩展，可根据自己的需求扩展控件。

⑧目前各项不足正以版本递增的方式不断完善。

2) EasyUI 的控件

jQuery EasyUI 提供了用于创建跨浏览器网页的完整的组件集合，包括功能强大的 datagrid（数据网格）、treegrid（树形表格）、panel（面板）、combo（下拉组合）等。用户可以组合使用这些组件，也可以单独使用其中一个，详细如表 4-1 所示。

表 4-1   **jQuery EasyUI 组件列表**

分　类	插　件
Base（基础）	Parser 解析器 Easyloader 加载器 Draggable 可拖动 Droppable 可放置 Resizable 可调整尺寸 Pagination 分页 Searchbox 搜索框 Progressbar 进度条 Tooltip 提示框
Layout（布局）	Panel 面板 Tabs 标签页/选项卡 Accordion 折叠面板 Layout 布局
Menu（菜单）与 Button（按钮）	Menu 菜单 Linkbutton 链接按钮 Menubutton 菜单按钮 Splitbutton 分割按钮

续表

分　　类	插　　件
Form(表单)	Form 表单 Validatebox 验证框 Combo 组合 Combobox 组合框 Combotree 组合树 Combogrid 组合网格 Numberbox 数字框 Datebox 日期框 Datetimebox 日期时间框 Calendar 日历 Spinner 微调器 Numberspinner 数值微调器 Timespinner 时间微调器 Slider 滑块 textbox 基础文本框 filebox 文件上传
Window(窗口)	Window 窗口 Dialog 对话框 Messager 消息框
DataGrid(数据网格)与 Tree(树)	Datagrid 数据网格 Propertygrid 属性网格 Tree 树 Treegrid 树形网格

7. Gaea Explorer 软件

Gaea Explorer 是由武汉吉嘉时空信息技术有限公司设计和开发的集三维地理信息(3DGIS)与三维虚拟现实(VR)技术于一体的新一代创新型三维虚拟地球软件平台,支持构建全球范围无缝无边界的虚拟环境及三维仿真应用;突破了传统 GIS 软件三维仿真特性弱,如画面质量差、物体表面不细腻、一般无光影效果、不具备完善的仿真实体模拟系统、物理模拟系统、AI 系统、三维音效系统、仿真联机系统、三维 UI 系统以及完善的场景编辑系统等缺陷;突破了传统 VR 软件地理信息功能弱,如不具备地理空间参考、无法支持超大范围(数万平方千米以上)的仿真场景,不支持测绘遥感数据(DEM、DOM、DLG、DRG)、不具备专业 3DGIS 分析的能力等缺陷;可应用于旅游、电力、水利、林业、军工、工业仿真、智慧城市、城市规划、仿真培训等众多领域。

1)软件发展历史

2010 年 5 月,Gaea Explorer 1.0,完成基于 3DGIS 的虚拟地球平台软件。2014 年 3

月，Gaea Explorer 2.0，重构软件引擎，形成基于 3DGIS 与 VR 技术融合的新型软件平台的初步版本。2017 年 12 月，Gaea Explorer 3.0，形成完善的包含 3DGIS 与 VR 特性的技术体系，包括场景编辑器、资源制作工具、3ds Max 插件、模型批处理工具、其他辅助工具等。

2）软件特性

（1）GIS 基本功能

①支持兴趣点标绘（文本、音频、视频、兴趣点）。支持点、线、矩形、圆弧、多边形、单双箭头符号等图形标绘；

②支持点、线、面、拉框查询；

③支持空间测量，包括地表测量、空间距离测量、面积测量、体积测量。

（2）三维空间分析

①支持等高线分析；

②支持通视分析；

③支持地形的填挖方分析；

④支持无源淹没分析以及基于水动力学模型的有源淹没分析；

⑤支持剖面分析；

⑥支持日照分析；

⑦支持最优路径分析。

（3）GIS 数据加载与符号化

①支持点、线、面矢量要素符号化、矢量图层符号化；

②支持简单矢量符号化方式；

③支持栅格图层符号化；

④支持拉伸、分级、唯一值栅格符号化方式。

（4）服务接入支持

①平台集成 Gaea Explorer Server 和 Google Map、Bing、天地图以及标准 OGC 的 WMS、WFS 和 WCS 服务等影像服务；

②支持集成 Gaea Explorer Server 高程服务和谷歌高程服务。

（5）数据源支持

①支持导入的模型格式包括：3d, 3ds, ac, ac3d, acc, ase, ask, b3d, bvh, cob, dxf, dae, enff, hmp, ifc, irr, irrmesh, fbx, lwo, lws, lxo, md2, md3, md5, mdc, mdl, mot, ms3d, ndo, nff, obj, off, pk3, ply, x;

②支持矢量、栅格数据；

③支持卫星/航拍 DOM、DEM 数据；

④支持激光点云数据；

⑤支持 BIM 模型数据；

⑥支持倾斜摄影测量模型数据。

(6)渲染特性

①支持室内、室外场景;

②支持帧动画、节点动画、骨骼动画、Morph 变形(表情)动画;支持绑定到骨骼,支持程序骨骼控制;

③支持漫反射、环境光、高光反射、自发光、凹凸映射、视差映射、环境反射纹理动画、植被动画等;

④支持实例化技术;

⑤支持材质排序;

⑥支持静态阴影烘焙与动态阴影;

⑦支持渲染后期处理,包括:动态模糊、HDR、景深、炫光、反锯齿、SSAO 等;

⑧支持体渲染;

⑨支持动态水面仿真。

(7)仿真对象支持

支持人物角色、汽车、飞机、坦克、塔吊、吊桥、公告牌、机械设备、武器装备、工具等;支持骨骼点绑定,多模型、仿真实体的组合绑定。

(8)物理特性

内嵌完善的物理运算引擎,能满足绝大多数三维动态仿真的需要:

①同时支持软件物理计算(ODE)与硬件物理计算(PhysX);

②支持静态物理碰撞计算;

③支持刚体力学仿真计算;

④支持 Ragdoll 仿真计算;

⑤支持汽车类(多轮)、坦克类(履带)力学仿真计算。

(9)粒子系统

Gaea Explorer 支持常规粒子系统的所有特性,技术先进并且效果逼真。

(10)场景制作

Gaea Explorer 具备完善的场景编辑系统,用以构造复杂的三维动态仿真场景:

①支持使用精细卫星/航飞影像(DOM)与数字高程数据(DEM)直接构建三维虚拟地貌;

②支持快速使用仿真实体、模型、粒子系统等设计三维场景;

③支持地貌编辑,包括地形的填挖、平滑,地表的色彩、细节纹理编辑;并支持编辑结果导出为 DOM 与 DEM;

④支持植被编辑:树木、草地的批量绘制与修改;

⑤支持修改模型纹理,生成模型 LOD,查看多维子模型与骨骼信息;

⑥支持设置太阳、环境、阴影、风力风向、渲染等参数。

(11)音效

支持场景音效与三维声效。

（12）用户界面

具备内嵌的 UI 系统，并且支持三维 UI（如在三维虚拟场景中与电脑屏幕进行交互），支持 Label、Button、ListBox、ComboBox、CheckBox 等控件；支持控件样式与主题自定义。

（13）AI

支持仿真对象的 AI 设定。

（14）网络特性

①支持多台终端互联；

②支持在线聊天；

③支持多角色互动；

④支持场景内容与事件同步。

（15）脚本

支持直接在场景编辑器中用脚本为仿真场景编写触发、剧本，以直观的制作具备"剧情"三维场景。

（16）VR 支持

支持 HTC Vive 等 VR 设备。

4.2.4 软件环境

系统主要软件配置见表 4-2。

表 4-2　　　　　　　　　　　　　　系统软件配置

主要平台		名　　称
操作系统	客户端	Windows 7/8/10
	服务器端	Windows 2003 Server
数据库服务器		Oracle 11g
服务器	平台架构	J2EE(JDK1.6)
	服务器	ApacheTomcat 6.0.3.7
系统架构		B/S 模式
三维可视化	支持平台	Gaea Explorer V2.0
	浏览器	Internet Explorer 8/9/10/11
开发工具	开发工具	MyEclipse 10.0/Visual Studio 2010
	版本管理	SVN
	开发语言	Java/JavaScripts/c#

4.2.5　硬件环境

系统主要硬件配置见表 4-3。

表 4-3 系统硬件配置

服务端	机型：IBM X3850m5
	CPU：2 * Intel XEON E2650v2 2.0GHz
	内存：16.0GB
	硬盘：1.2TB
客户端	Windows 7 Service Pack 1
	Gaea Explorer V2.0
	Microsoft . NET Compact Framework 2.0 SP2
	iExplorer11

4.3　模 块 划 分

根据《三峡水库泥沙冲淤变化三维动态演示系统实施方案》，将整个系统划分为 5 个子系统：水文泥沙数据库管理子系统、三维浏览与信息查询子系统、实测地形的冲淤变化分析与动态演示子系统、实测地形的库容计算与动态演示子系统和一维数模的泥沙冲淤变化成果表现与动态演示子系统。本系统拟定采用四层架构，基础业务数据由水文泥沙数据库管理子系统管理，通过 JDBC 等通用数据库接口提供子系统的数据访问接口，三维场景渲染及三维 GIS 相关功能由 Gaea Explorer 平台完成。

4.3.1　子系统清单

整个系统划分为 5 个子系统，功能描述和实现方法见表 4-4。

表 4-4 功能描述和实现方法

系统名称	系统描述
水文泥沙数据库管理子系统	完成用户管理、数据的入库与输出以及数据库的维护等功能，主要操作对象是 Oracle 11g 数据库。该子系统是整个系统的数据入口，同时也提供必要的数据转换和输出接口；用户权限管理模块用于管理系统中的用户以及用户的角色和权限，为系统提供安全策略和保障

系统名称	系统描述
三维浏览与信息查询子系统	完成三维空间下的三峡库区大区域海量影像和地形数据实时渲染和漫游等功能,并提供水文站、水位站、固定断面、过程线等信息的查询功能,并对查询结果进行二维或者三维可视化渲染,三维场景的渲染由 Gaea Explorer 完成
实测地形的冲淤变化分析与动态演示子系统	完成三维空间下,基于实测地形的冲淤变化的相关计算和计算结果的展示。采用已有的、经过长期实践和检验的冲淤计算算法,在服务端采用 JNI 技术提供接口供 Java 调用,确保了算法的准确性。客户端接收到服务端返回的结果后,根据需要在浏览器的二维渲染模块和 Gaea Explorer 的三维场景渲染模块中分别进行展示
实测地形的库容计算与动态演示子系统	完成三维空间下,基于干流或主要支流的实测地形的库容计算结果的展示。库容计算的算法采用已有成熟算法,通过 JNI 提供接口以便服务端的 Java 程序调用,然后完成执行客户端请求需要完成的计算过程,并将结果返回到客户端,客户端的二维和三维渲染模块为用户可视化地展现计算结果
一维数模的泥沙冲淤变化成果表现与动态演示子系统	对一维泥沙冲淤计算模型进行封装并提供外部调用接口,模型的计算过程在服务端完成,在客户端的请求执行完成后将结果返回到客户端,根据需求将服务返回的模型计算的结果以二维或者三维的方式展现给用户。整个过程考虑了软件模块的可重用性,复用已有的经过长期检验的软件模块可以降低开发成本和开发周期

4.3.2 各子系统功能描述

这 5 个子系统的详细功能模块清单见表 4-5。

表 4-5 **各子系统功能划分**

系统名称	功能描述
1. 水文泥沙数据库管理子系统	1.1 用户基本信息管理模块
	1.2 用户权限管理模块
	1.3 账户维护模块
	1.4 数据库管理维护模块
	1.5 数据表操作模块
	1.6 数据入库模块
	1.7 数据输出模块

系统名称	功能描述
2. 三维浏览与信息查询子系统	2.1 海量数据的实时漫游模块 2.2 要素叠加显示模块 2.3 名称定位模块 2.4 坐标定位模块 2.5 用户自定义热点定位模块 2.6 水文站查询模块 2.7 水位站查询模块 2.8 固定断面查询模块 2.9 文档管理模块
3. 实测地形的冲淤变化分析与动态演示子系统	3.1 局部河段三维地形飞行浏览与查询模块 3.2 任意断面横、纵剖面图绘制模块 3.3 泥沙冲淤变化分布图绘制模块 3.4 冲淤量高程关系曲线图绘制模块 3.5 特定高程下分段冲淤量、累积冲淤量、冲淤速率等沿程关系统计图表模块 3.6 深泓线分析
4. 实测地形的库容计算与动态演示子系统	4.1 水位实时动态变化演示模块 4.2 槽蓄量高程关系曲线图绘制模块 4.3 特定高程下分段槽蓄量 4.4 基于测站节点的水面线下实时库容计算模块 4.5 初步设计成果库容对比
5. 一维数模的泥沙冲淤变化成果表现与动态演示子系统	5.1 一维水沙数学计算模型封装模块 5.2 一维水沙数学计算模型输出可视化模块 5.3 一维泥沙冲淤模拟成果的动态变化仿真模块

4.4 应用模式

三峡水库泥沙冲淤变化三维动态演示系统整体上采用 B/S 结构，具体应用模式如图 4-6 所示。

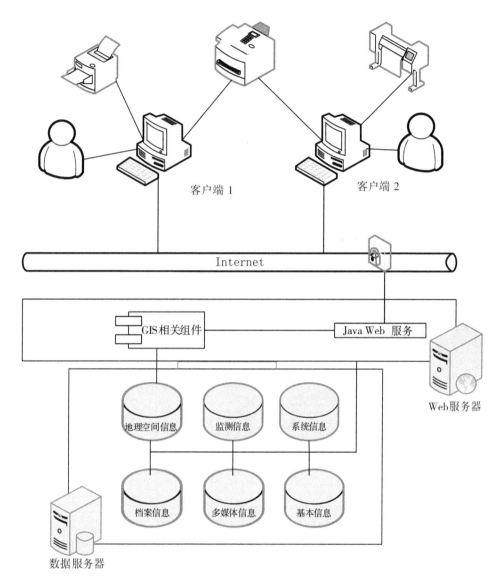

图 4-6　三峡水库泥沙冲淤变化三维动态演示系统应用模式

4.5　系统逻辑视图

　　本系统将水文数据库和水文泥沙业务层有机地结合起来，利用数据库中现有数据结合相应的模型算法，实现业务层系统功能，并在 B/S 架构下完成相关的计算、分析功能以及大型三维动态场景演示。其逻辑视图如图 4-7 所示。

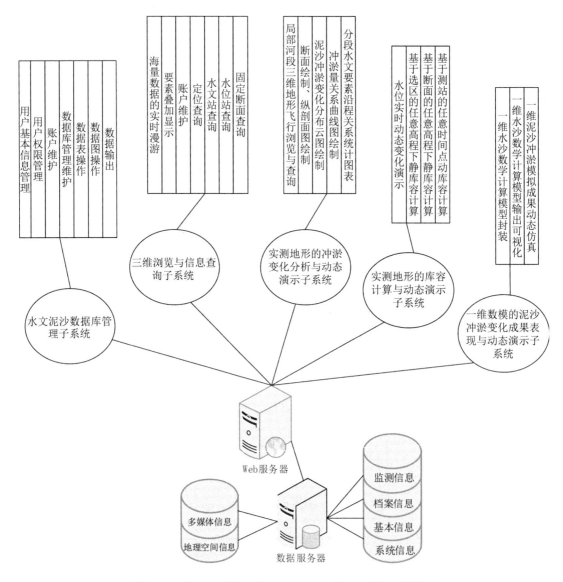

图 4-7　三峡水库泥沙冲淤变化三维动态演示系统逻辑视图

4.6　系统界面设计

4.6.1　总体原则

以用户为中心,设计由用户控制的界面,而不是界面控制用户;清楚一致的设计,所有界面的风格保持一致,所有具有相同含义的术语保持一致,且易于理解;拥有良好的直觉特征,以用户所熟悉的现实世界事务的抽象来给用户暗示和隐喻,来帮助用户能迅速学会软件的使用；较快的响应速度；简单且美观。

4.6.2 原则详述

1. 用户控制

用户界面设计的一个重要原则是用户应该总是感觉在控制软件而不是感觉被软件所控制。用户扮演主动角色，而不是扮演被动角色。在需要自动执行任务时，要以允许用户进行选择或控制它的方式来实现该自动任务。

提供用户自定义设置。因为用户的技能和喜好各不相同，因此他们必须能够个性化界面的某些方面。Windows 为用户提供了许多这方面的访问。用户的软件应该反映不同的系统属性——例如颜色、字体或其他选项的用户设置。

采取交互式和易于感应的窗口，尽量避免使用模式对话框，而使用"非模式"辅助窗口。"模式"是一种状态，它排除一般的交互，或者限制用户只能进行特定的交互。在后台运行长进程时，保持前台式交互。例如，当正在打印一个文档时，即使该文档不能被改变，用户也应该可以最小化该窗口。

2. 清楚一致的设计

"一致"允许用户将已有的知识传递到新的任务中，更快地学习新事物，并将更多的注意力集中在任务上，这是因为他们不必花时间来尝试记住交互中的不同。通过提供一种稳定的感觉，"一致"使得界面熟悉而又可预测。"一致"在界面的所有方面都是很重要的，包括命令的名称、信息的可视表示、操作行为，以及元素在屏幕和窗口内部的放置。

3. 有良好的直觉特征

用熟悉的隐喻为用户的任务提供直接而直观的界面。通过允许用户利用他们的知识和经验，隐喻使得预测和学习基于软件表示的行为更加容易。

在使用隐喻时，不需要将基于计算机的实现局限在真实世界的对应物上的范围之内。例如，与其基于纸张的对应物不同，Windows 桌面上的文件夹可以被用来组织各种对象，例如打印机、计算器以及其他文件夹。同样，Windows 文件夹可以其真实世界对应物不可能的方式被排序。在界面中使用隐喻的目的是提供一个认知的桥梁，隐喻并不以其自身为最终目的。

4. 较快的响应速度

保持界面能很快对用户操作作出反应，提供快捷键。特别对于有大量录入项的界面，能让用户不使用鼠标即可完成快速数据录入。在用户界面中加入一些功能，这些功能可以让熟练的用户在不同的区域快速地输入数据。这些功能包括重复功能、快捷键、带有有意义的图标的按钮等，所有这些可以使速度快的用户控制界面并加快数据的输入。

5. 简单且美观

界面应该很简单(不是过分单纯化)、易于学习，并且易于使用。它还必须提供对应用程序的所有功能的访问。在界面中，扩大功能和保持简单是相互矛盾的。一个有效的设计应该平衡这些目标。支持简单性的一种方法是将信息的表示减少到进行充分交流所需的最少信息。

可视设计是应用程序界面的重要部分。可视属性提供了非常好的印象，并传达了特定对象的交互行为的重要线索。同时，出现在屏幕上的每一个可视元素也是很重要的，它们可引起竞争用户的注意，提供清楚的促进用户对表达的信息的理解的连贯环境。图形或可视设计器的技巧对于这一方面是无价的。

4.6.3 界面设计

1. 用户登录界面

用户登录界面如图 4-8 所示。

图 4-8 登录界面

2. 客户端主界面

系统主界面分为标题栏菜单区、工具区与视图区，主界面设计如图 4-9 所示。在菜单区域排列了几个常用的通用功能，在工具区域以抽屉形式分组排列了所有业务功能，剩余

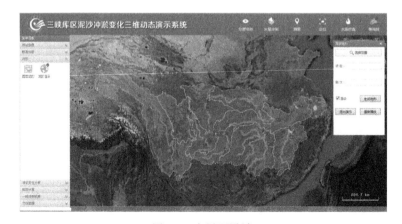

图 4-9 主界面设计

区域为三维视图区，这样设计所有功能对于使用者一目了然，简单且易于上手。

点击工具栏按钮，弹出相应操作的子界面或者工具栏，如图 4-10、图 4-11 所示，子界面以 Tab 页形式分组组织，工具栏漂浮在视图右侧，使用者一目了然。

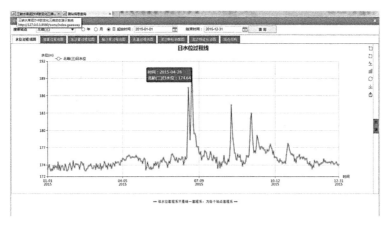

图 4-10 功能子界面

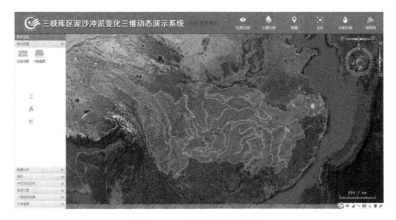

图 4-11 功能子界面面板

4.7 用户分析与权限设计

主要实现用户的基本信息管理、用户权限管理和账户维护。

①用户基本信息管理：实现用户基本信息(如用户名、所在群组、个人信息、初始登录密码)的录入、修改、查看等。

②用户权限管理：对用户拥有的系统角色和权限进行管理，许可使用或禁止使用系统功能模块的权限；系统配置和设置的控制管理；系统原始数据和分析成果数据的查询、输

出控制。用户一般分三级：超级用户（系统管理员）、高级用户（专业分析人员）和一般用户。一般用户只能进行诸如河段图形浏览、三维显示、结果查询、资料检索等操作。高级用户除了具有一般用户的权限外，还可在系统数据库的基础上对数据进行分析和计算，并保存这些分析和计算结果。另外，超级用户对数据库系统具有最高权限的数据管理、访问及操作权。

③账户维护：包括用户添加、用户删除、密码重置。

第5章 数据库管理子系统设计及实现

5.1 概　　述

数据库管理子系统是整个系统的核心，是其他子系统的数据提供者和最终数据的接受和管理者。数据库管理子系统的基本功能是：属性数据和空间数据导入用户管理、数据库备份与恢复、空间数据调度和数据输出等。具体包括：①负责外部数据的提取、转换，并存入数据库；②负责系统所有原始数据的存储、管理、备份和维护；③承担系统数据的输出和对外服务；④负责对数据库中数据的安全性、完整性、一致性的维护。

数据库开发的关键，是根据系统信息管理分析的功能需求，对系统数据进行分析、组织和规范化，建立科学、合理的分类管理体制。本系统中的数据类型和应用特点，要求数据库管理系统必须能同时体现关系数据库和面向对象数据库的性能优势。关系数据库的优势在于具有成熟的理论和技术支持，能够实现对海量属性数据进行存储、管理和快速的检索访问。面向对象数据库是近几年随着面向对象技术逐步成熟而发展起来的数据库技术，其性能优势在于能够实现对复杂数据对象的导航式访问，可以与面向对象编程语言紧密结合。由于纯粹关系数据库和面向对象数据库系统各自的缺陷，我们在系统的开发中采用了对象-关系型数据库管理系统的设计思路与方法。

对象-关系型数据库管理子系统的主要特性是实现对空间数据和属性数据的统一存储、管理和查询、检索，实现对系统中各种数据的预处理、安全管理、输入输出和必要的数据维护。对象-关系型数据库管理系统有多种实现途径，鉴于目前成熟的商用数据库多是关系数据库管理系统，且 ORACLE 等成熟的商用数据库也都逐渐在进行面向对象方面的拓展，本系统的实现采用 O-O-Layer 方法，即是在一个现成的 RDB 引擎(Engine)上增加一层"包装"，使之在形式上表现为一个 OODB，以使对象-关系型数据库管理子系统能适应空间数据、属性数据统一管理的要求。本章将阐述对象-关系型数据库管理子系统的逻辑结构、功能设计和数据库结构。

5.2 子系统研制方案

在对象-关系型数据库管理子系统的研究开发中，主要采用面向对象的分析、设计、实现与快速原型相结合的方法(如图 5-1 所示)，遵循 UML 的统一软件开发过程。首先，通过用户调查、现有系统的分析考察及现有多源空间数据的现状研究，分析总结出二维空间对象模型，在此模型的基础上建立空间数据库结构，设计出系统的原型。然后由 Rose

映射成代码实现的原型框架，并测试原型是否符合要求。不符合将返回进行系统原型修正，直到系统达到预期要求，完成系统开发，使系统具有适应性和可扩充性。

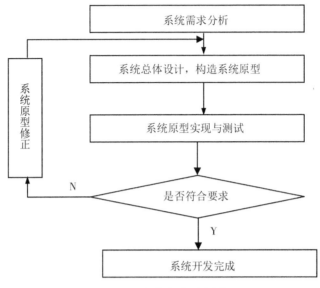

图 5-1　研究方法示意图

5.3　数据分类及组成分析

本系统需要存储管理的数据种类繁多，其数据主要有：水文整编数据、实时水文数据、固定断面数据、河道地形数据、系统扩充数据、系统元数据等。上述数据可以分为空间数据和属性数据两大类。空间数据采用的平面坐标系为 1954 北京坐标系，高斯正形 3 度带投影，高程坐标系为 1985 国家高程基准，部分水位数据采用的是冻结基面、黄海高程、吴淞冻结、吴淞高程等基面。

1. 水文整编数据

主要包括测站基本信息，水位、流量、含沙量、输沙率、水温、大断面成果等年、月及日平均整编数据。测站基本信息主要包括测站站码、站别、所在流域、水系、河流、施测项目及其他相关信息。

2. 实时水文数据

实时水文数据为外部链接数据，包括实时的河道水情信息和含沙量信息。

3. 固定断面数据

固定断面数据包括三峡库区相关固定断面控制成果、断面测量成果及断面考证信息等内容。

4. 河道地形数据

主要为水下地形矢量图及生成的 DEM 数据。主要地形涉及河演观测、护岸观测、长程观测(含库区、葛洲坝坝下游干支流地形;湖区、库区地形等)、坝区(如近坝区、两坝间地形数据)四类。

5. 系统扩充数据

根据系统开发需要进行扩充的数据,目前主要为河流、断面基本信息、库容成果库、高程基面转换关系、技术文档库等。

6. 系统元数据

元数据提供对于数据进行描述的信息,帮助使用数据,加强能支持系统对数据的管理和维护。主要有字段元数据字典、数据表描述信息,工程文件编码信息,地形项目编码信息等。

5.4 数据库设计

5.4.1 数据组织

数据库涉及水文整编资料、水雨情实时资料、固定断面资料、水下地形图等图形资料及其他数据,数据结构极为复杂。系统的数据组织与总体结构设计的好坏直接影响系统的总体功能、开发思路、维护模式。根据数据特点与服务对象,数据库管理模块数据组织设计按如下原则:

①使系统易于开发。该系统的数据库是个规模大、数据结构复杂、管理功能多样的综合性数据库。因此,需进行合理有效的划分,降低数据库的复杂性。

②使数据库易于维护。如果使用环境和需求发生变化,必须对数据库进行维护以适应新的要求,而总体结构和其他功能不受影响,使得系统的维护工作量尽可能小。

③能满足用户对数据库功能的总体需求。

④充分考虑数据库的可扩充性。

按照以上原则要求,数据库设计的关键是根据系统信息管理的功能对系统数据进行分析和组织,建立合理的逻辑结构,构建数据库表。

对于重点数据的组织方法与技术如下:

(1)属性数据

水文整编数据按照水文行业标准《基础水文数据库表结构及标识符标准》规定的表结构进行设计和组织,以标准的二维表格永久保存在数据库中。

固定断面数据、实时水文数据,以通用的二维表格永久保存在数据库中。

系统扩充数据和元数据根据需要,做好表结构设计,最后也以标准二维表格存储在数据库中。

(2)空间数据

依据提供的江河道地形数据的分层情况进行分层组织。原始的河道地形数据作为原始数据库永久保存在数据库,同时,用一个测次的地形生成DEM,保存生成的DEM和DEM边界文件。

5.4.2   数据库表设计

1. 表结构设计的原则

1）一般原则

数据库表结构设计是整个数据库系统中的关键，通常系统集成失败的主要原因不是技术上的问题而是数据匹配问题。不具有外部引用或外键的特定应用代码表经常是导致这种情况的根源。数据库表结构设计是数据类型定义的整体标准以及对表及列的命名。为确保标准编码规范的使用，借鉴在同行业机构别处所做的工作，或者使用适合的标准化组织认可的代码表。为了确保系统的开放性、兼容性，各类库结构的设计，都考虑布局合理、冗余较少、易于维护和数据更新；数据库表设计将充分考虑用户及专业需求、信息完整性原则和系统运行性能，并遵循实用、标准、规范、一致和实践优化原则。

2）表结构内容

每个表结构中描述的内容包括以下几个方面：中文表名、表标识、表编号、表体、字段描述。其中表体以表格的形式列出表中的每个字段以及每个字段的字段名、数据的类型及长度、有无空值、主键和在主索引中的次序号等。

3）数据类型及精度

表结构中使用的数据类型有字符、数值和时间三种，分述如下：

（1）字符数据类型

字符数据类型的描述格式是 C(d)。

其中：C——类型标识，固定用来描述字符类型；

（ ）——括号，固定不变；

d——十进制数，用来描述字段最大可能的字符串长度。

字符数据类型主要用来描述非数值型的数据，它所描述的数据不能进行一般意义上的数学计算，只能描述意义。

（2）数值数据类型

数值数据类型的描述格式是 N(D[.d])。

其中：N——类型标识，固定用来描述数值类型；

（ ）——括号，固定不变；

[ ]——表示小数位描述，可选；

D——描述数值型数据的总数位(不包括小数点)；

d——描述数值型数据的小数数位。

数值数据类型用来描述两种数据，一种是带小数的浮点数，一种是整数。所以描述的数据长度都是十进制数的数据位数。

（3）时间数据类型

时间数据类型用来描述与时间有关的数据字段。所有时间数据类型采用的标准为公元纪年的北京时间，如 2002 年 11 月 6 日 9：50。对于只需描述年月日的时间，统一采用公元纪年的北京时间的零点，如 1999 年 12 月 31 日用 1999 年 12 月 31 日 0 点 0 分 0 秒表示，时间数据类型的描述用"D"表示。

（4）数据精度

数据的精度取决于观测要求，对同一项目采取的比例尺不同，要求精度不同，数据精度会有所不同，因此字段描述中难于对每个项目的数据精度做出界定，所以在使用数据库表结构时，应根据实际情况选取合适的数据精度。

4）数据字典

数据字典用来描述数据库中字段名和标识符之间的对应关系以及字段的意义。

2. 表结构分类设计

各类数据库表结构独立设计，降低开发难度，实现维护更改"局部化"，同时各类数据库的扩充相对独立，对系统的总体结构影响较小，从而保证了系统的总体扩充性能。

（1）属性数据结构设计

考虑到通用性和可扩充性，水属性数据表结构采用行业标准或通用格式，并结合系统编制的实际情况进行适当的增补和调整。

（2）空间信息数据库表结构设计

空间数据库的表结构设计遵循满足稳定性、可扩充性、通用性和易读性原则。

5.4.3 数据库逻辑设计

数据库逻辑设计是根据数据库的要领设计和数据库管理系统特征导出数据库的逻辑结构。也就是通过要领设计和需求分析的结果进行设计，并通过完整的设计方法产生数据库管理系统可以处理的规范化的优化的数据库逻辑模式和子模式，并相应定义逻辑模式上的完整性约束、安全性约束、函数依赖及关系和操作任务对应关系。逻辑设计是数据库设计过程中非常重要的步骤，它的设计结果将直接影响到最终形成的物理数据库及系统的成败。

在逻辑设计过程中，要用到许多数据库设计理论和设计方法。数据库进行逻辑设计，首先从关系的定义开始进行，然后通过概念设计结果的实体联系图进行关系模式的转换。关系模式的转换包括实体的转换和实体间联系的转换。

对转换后的关系模式，需要进行规范化处理。规范化处理首先通过确定关系的函数的依赖关系，对每个关系进行范式检查，然后对范式比较低而且对数据库操作不方便的关系进行分解，使分解出的多个关系达到更高的范式，并且使数据库的数据基本操作不会产生数据冗余、更新异常、插入异常及删除异常等现象。再对系统的关系进行统一整理，并且进行优化处理，最后形成完整的比较规范的关系定义表。

对已经形成的关系模式，根据需求分析中的数据定义字典，首先分别进行完整性约束定义、函数依赖定义、安全性定义等；再通过需求分析中的信息定义和 IPO 定义形成关系和操作任务定义。

最近 20 年出现的最重要工具是数据库管理系统（DBMS）提供的可靠、方便的存储、恢复和更新数据的方法。随着 DBMS 的发展，为模型化数据和设计数据库的新逻辑设计方法已出现，最重要和广泛使用的方法被称为实体-关系模型，即 ER 模型。ER 模型提供查看数据的高级"逻辑"，在 ER 模型下，有三个主要的数据模型：关系模型、层次模型和网状模型。ER 模型适用于所有三种模型，但最适用于关系模型。关系模型的 DBMS，所有数据存储在二维表格中。层次和网状模型使用明确的物理指针结构来编码关系；关系模型用共享值来隐含编码关系；Erwin 使用的 ER 方法是使用共享键表示关系，这是关系系统的特点。

从上面的数据源分类分析来看，数据库中水文整编成果已有标准的数据库表结构，实时水文数据、固定断面数据也已有确定的表结构。其他的信息如空间数据的逻辑设计过程均按照需求分析，关系产生定义、函数依赖定义、关系规范化处理、关系优化处理，完整的关系定义表，关系的安全性、完整性及操作任务定义，建立数据库逻辑模型，按照子模式定义的流程进行设计和实现。

5.4.4　数据库编码规则

采用编码技术可以实现逻辑名称与物理名称的无关性，增强系统的可扩充能力。系统是沿用了全国水文数据库技术标准对观测项目有关的水文水位站、固定断面进行编码。编码技术显示名称而存储代码，占用空间少、效率和安全性高，迁移数据和存储数据都只针对代码。如当名称出错时，只需修改父表名称即可，子表不变，也不涉及级联操作，适用于大型系统。

水文泥沙数据与固定断面编码详见附录 1"数据提交标准"。

5.4.5　地形图要素分类与编码方案

数据的规范化和标准化方案是系统开发、实施的重要内容，其中首要的部分就是要素信息的分类与编码方案。河道地形图要素分层参照水文行业标准《水文数据 GIS 分类编码标准》（SL385—2007）进行分层。

在进行地形图要素分类与基础地理信息特征要素编码时主要考虑如下原则：

①科学性：本方案力求体现科学性，采用区段码、从属码编码结构，以适应计算机的存储和管理的技术要求，便于系统的快速查询与更新。

②系统性：本方案包括水域划分、定位、各类信息的分类与编码构建等一系列技术与方法，可有效地保证信息系统建设的实施。

③唯一性：本方案制定的分类与编码必须保证其唯一性，保证要素信息的明确划分。

④可扩展性：水利信息的分类和编码还必须不断地发展与完善，本方案力求有扩展余地，便于以后的扩展。

⑤灵活性和实用性：分类与编码的目的是应用，因此，水利信息的分类和编码必须灵活、实用。

⑥相对稳定性：分类体系与编码方案以各类信息中最稳定的属性和特征为基础，保证在较长时间内不发生变更。

⑦兼容性：本方案力求最大限度地与已有国家、行业标准或地方标准保持一致，尽可能包容和兼容各类标准。

根据以上原则，参照《基础地理信息要素分类与代码》（GB/T13923—2006）的编码方案，结合河道地形图特征要素，本系统采用 6 位编码方案，全面、系统、层次清晰。编码结构如下：

×　　×　　××　　××

大类　中类　小类　子类

其中，左起第一位为大类码；左起第二位为中类码，在大类基础上细分形成的要素类；左起第三、四位为小类码，在中类基础上细分形成的要素类；左起第五、六位为子类码，在小类基础上细分形成的要素类。

矢量图形分层标准详见附录 2。

5.5 系统功能实现

为系统管理员提供的用户管理图形操作界面包括用户管理、数据库备份、备份导入等功能。同时，也提供对系统数据的维护管理功能，可对数据表进行增、删、查、改等维护操作，并提供 SQL 查询，可将属性数据以 Excel 格式进行批量入库，并提供地形数据的入库和维护。数据库子系统登录界面如图 5-2 所示。

图 5-2　数据库子系统登录

5.5.1　系统维护

系统维护为系统管理员提供的用户管理图形操作界面，包括用户管理、数据库备份、备份导入等功能。

1. 用户管理

用户管理模块主要实现各部门及用户基本信息的管理。主要有编辑用户、添加用户、提交修改、删除用户、密码重置、编辑权限、保存权限、权限重置等操作，界面如图 5-3

所示。

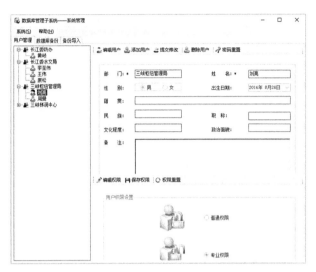

图 5-3　用户管理界面

2. 数据库备份

该功能主要实现 Oracle 数据库的全局备份，界面如图 5-4 所示。主要调用 exp 命令将数据库导出为 ∗.dmp 文件进行备份。

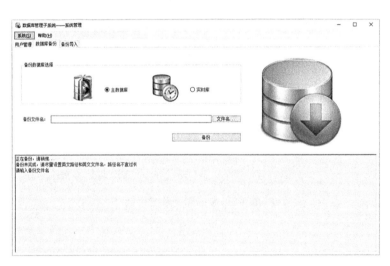

图 5-4　数据库备份界面

3. 备份导入

该功能主要实现 Oracle 数据库的备份导入，如图 5-5 所示。主要调用 imp 命令将数据库备份文件(∗.dmp)导入到数据库中恢复。

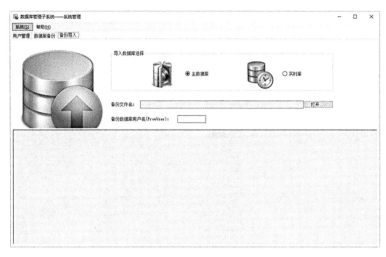

图 5-5　备份导入界面

5.5.2　数据维护

提供对系统数据的维护管理功能，可对数据表进行增、删、查、改等维护操作，并提供 SQL 查询，可将属性数据以 Excel 格式进行批量入库，并提供地形数据的入库和维护。

1. 数据表维护

数据表维护模块可实现数据库中各类业务数据表和系统表的浏览、查询、编辑、导出等操作，如图 5-6 所示。数据表共分为五种类型：水文整编数据、固定断面数据、实时水文数据、系统扩充数据和系统元数据。

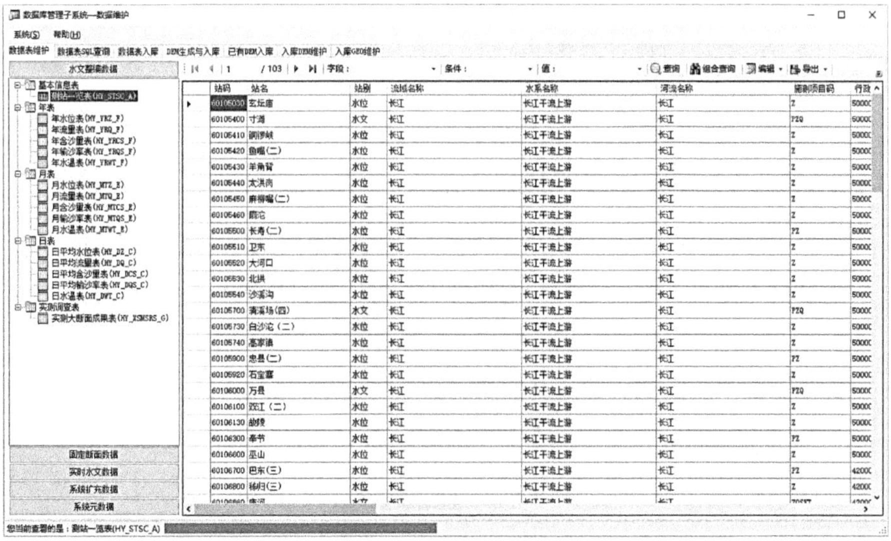

图 5-6　数据表维护

2. 数据表 SQL 查询

该功能可手工输入 SQL 语句或调用定制的 SQL 语句进行灵活的 SQL 查询，如图 5-7 所示。

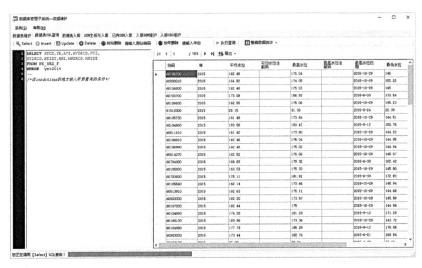

图 5-7　SQL 查询

3. 数据表入库

数据表入库模块可实现各类业务数据表(Excel 格式)的入库，如图 5-8 所示。

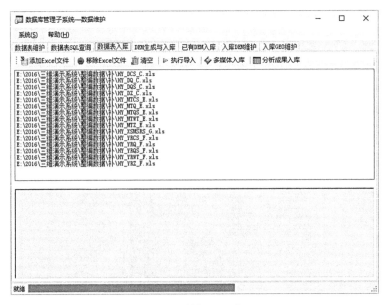

图 5-8　数据表入库

4. DEM 生成与入库

DEM 生成与入库模块利用标准化后的地形数据(∗.geo)生成 DEM 文件,并将生成后的 DEM 文件与原始的 GEO 文件和边界文件一并入库进行保存,如图 5-9 所示。

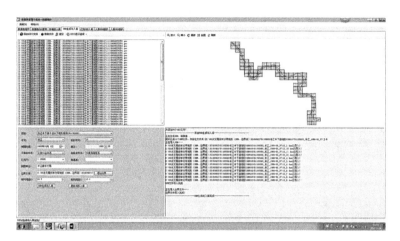

图 5-9　DEM 生成与入库

5. 已有 DEM 入库

已有 DEM 入库模块实现已有的 DEM 文件和边界文件的入库保存,如图 5-10 所示。

图 5-10　已有 DEM 入库

6. 入库 DEM 维护

入库 DEM 维护模块可实现入库 DEM 文件的查询(图 5-11)、删除和导出。

7. 入库 GEO 维护

入库 GEO 维护模块可实现入库 GEO 文件的查询(图 5-12)、查看和导出(图 5-13)。可根据地理位置拉框选择原始地形图并查看各种地理要素。

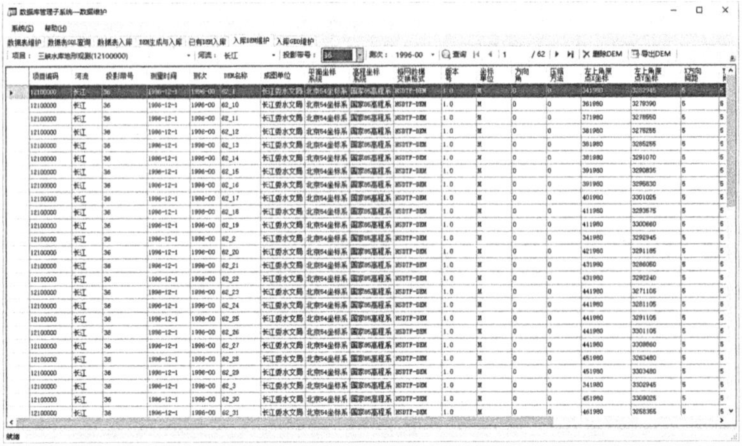

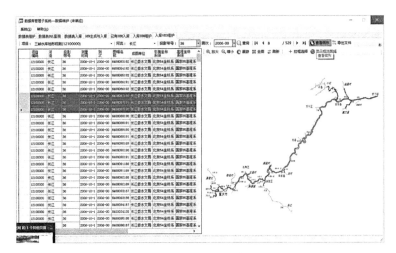

图 5-11　入库 DEM 文件查询

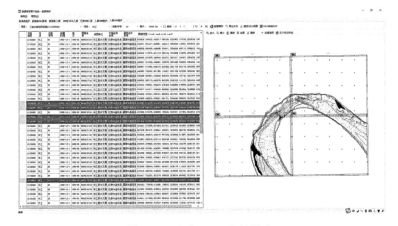

图 5-12　入库 GEO 文件查询

图 5-13　入库 GEO 文件导出

第6章 三维浏览与信息查询模块设计及实现

6.1 概　述

三维浏览与信息查询子系统用于完成三维空间下的三峡库区大区域海量影像和地形数据实时渲染和漫游等功能，并提供水文站、水位站、固定断面等信息的查询功能，是三峡水库泥沙冲淤变化三维动态演示系统的重要组成部分。为了保护数据的安全性，三维浏览与信息查询子系统应严格限制使用人员权限，仅供授权的系统管理员和数据维护人员使用。

系统基于 Gaea Explorer 平台，完成大规模影像数据、地形数据的组织管理与快速调度；完成大型三维虚拟场景和精细模型的渲染，从而展现出逼真的地形和地貌；完成相关矢量要素的符号化、标注的渲染；完成相关的属性和空间信息查询；完成高精度河道地形的渲染；完成与其他模块的交互、为其他模块提供所需的接口。

6.2 功能列表

三维浏览与信息查询系统的功能如表 6-1 所示。

表 6-1　　　　　　　　　　　　系统功能列表

功能名称	功能细分	说　明
基本信息查询	海量数据的实时漫游	实时浏览漫游三维场景，可以实时查看三维地貌、河道地形、地名标注、三维模型、水面仿真等
	要素叠加显示	可以在三维虚拟场景中叠加水系、流域、行政区划等辅助要素信息
	名称定位	根据所输入的测站名称、断面名称、行政名称，快速查找并定位到对应位置
	坐标定位	把三维场景中的相机移动到输入的经纬度和高程所对应的位置
	用户自定义热点定位	把三维场景中的相机移动到所选的用户保存的热点对应位置
	位置测量	实时显示鼠标所在位置的位置信息

续表

功能名称	功能细分	说　　明
基本信息查询	地表距离测量	测量所选点之间的直线距离、地表距离
	地表面积测量	测量所选点构成的多边形的地表面积和地表周长
	基于鼠标移动的坐标显示	将鼠标所指处的坐标与高程、冲淤厚度值等显示在鼠标旁
断面查询	固定断面分析查询二维展示	查看单断面地形图,单断面多测次套绘图以及断面信息
	固定断面分析查询三维展示	在公告牌上绘制固定断面地形剖面图、动态变化演示
	固定断面切割地形	在公告牌上绘制固定断面切割的地形剖面图、动态变化演示
	任意断面切割地形	在公告牌上绘制任意断面切割的地形剖面图、动态变化演示
测站信息查询	测站一览表	
	日平均水位过程线图	绘制日平均水位过程线与套绘图
	日平均流量过程线图	绘制日平均流量过程线与套绘图
	日平均含沙量过程线图	绘制日平均含沙量过程线与套绘图
	日平均输沙率过程线图	绘制日平均输沙率过程线与套绘图
	日平均水温过程线图	绘制日平均水文过程线与套绘图
	测站大断面查询	绘制测站大断面图
可视化成果输出	Excel 输出	将查询的图表中的数据内容输出到 Excel
	图片输出	将查询的图表截图输出
	多窗口显示	二维表格成果多窗口显示
文档管理	上传	上传各类用户文档至服务器
	检索与下载	从服务器上检索与下载已上传的各类文档

6.3 功能设计与实现

6.3.1 基本信息查询

6.3.1.1 海量数据的实时漫游

1. 功能描述

在三维虚拟场景中，实时查看三维地貌、河道地形、地名标注、三维模型、水面仿真等。可对当前视图窗口中场景进行放大、缩小操作、实时缩放操作、平移操作，可方便快速地切换各种视角，提供多种灵活的场景操纵方式与导航模式。

2. 技术原理

构建瓦片金字塔，将各层网格细分为大小相等的矩形瓦片，使得每一次读/写操作都经过甄选只访问所需瓦片，从而缩短数据访问时间；把地形数据分为高程数据和影像数据，以服务的形式布置到服务器上，对它们采用分级组织、分块存储，从而实现海量数据的存取。

3. 输入输出

（1）输入项

影像数据服务；

地形数据服务；

鼠标操作。

（2）输出项

实时渲染三维可视化场景；

三维场景中的模型要素。

4. 流程设计

把外部数据如地形数据、影像数据、矢量数据、模型数据等数据采用分级组织、分块存储添加到虚拟地球上；通过鼠标和键盘操作来移动旋转视图相机，实现视图的浏览。流程设计如图 6-1 所示。

5. 实现设计

1）地形场景数据的动态管理

根据视点的坐标和视线的方向，就可以计算出视景体与地形平均水平面相交的平面区域范围，即地形可见区域范围。

图 6-2 为地形可见区域示意图，图中 XOY 为地形平均水平面，E 为视点，视线 EM 与地形平均水平面的交点为 M，视点在 XOY 上的投影为 M_0。视景体 $E\text{-}ABCD$ 与平面 XOY 的四个交点分别为 A、B、C 和 D，则地形可见区域范围即为四边形 $ABCD$。

地形可见区域的表示若用于地形显示的屏幕窗口，宽和高分别为 X_w 和 Y_w（以像素为单位），视景体的水平视场角和垂直视场角分别为 FovX 和 FovY。设当可见区域 $ABCD$ 恰好充满显示窗口时，窗口水平方向和垂直方向平均每个像素所对应的地面距离分别为 D_x 和 D_y，则有：

93

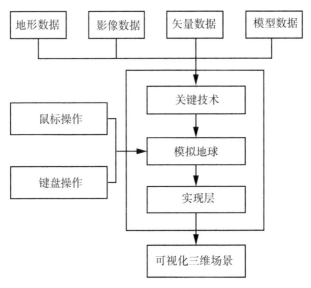

图 6-1　流程设计图

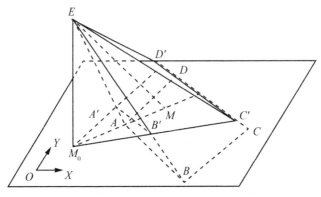

图 6-2　地形可见区域示意图

$$D_x = EM \cdot \tan(\mathrm{Fov}X/2) \times 2.0/X_w$$
$$D_y = EM \cdot \tan(\mathrm{Fov}Y/2) \times 2.0/Y_w$$

即当地形分辨率 X 方向低于 D_x 或 Y 方向低于 D_y 时，地形显示的精度将会降低；反之，将会产生不必要的数据冗余，影响绘制效率。也就是说，此时的 D_x 和 D_y 即为理论上地形绘制所需的最佳分辨率。由于通常地形 X 方向和 Y 方向的采样间距相同，因此我们在实际应用中取 D_x 和 D_y 中的小值作为最佳地形分辨率，用作后续瓦片搜索的重要依据。需要指出的是，通常该最佳分辨率被用作窗口中心瓦片所对应的分辨率，而窗口其他位置所对应的瓦片分辨率则根据瓦片中心到视点的距离作适当的降低调整，因为这不仅符合人眼的视觉规律，而且还可以减少用于地形绘制的三角形数量。

2) LOD 技术

　　LOD 技术在不影响画面视觉效果的条件下，通过逐次简化景物的表面细节来减少场景的几何复杂性，从而提高绘制算法的效率。该技术通常对每一原始多面体模型建立几个不同逼近精度的几何模型。与原模型相比，每个模型均保留了一定层次的细节。在绘制时，根据不同的标准选择适当的层次模型来表示物体。LOD 技术具有广泛的应用领域。目前在实时图像通信、交互式可视化、虚拟现实、地形表示、飞行模拟、碰撞检测、限时图形绘制等领域都得到了应用。恰当地选择细节层次模型能在不损失图形细节的条件下加速场景显示，提高系统的响应能力。

　　3）多尺度漫游

　　提供多种灵活的场景操纵方式与导航模式。大场景的无缝浏览，采用先进的图像、图形压缩和调度技术，实现场景调度时真正的无缝漫游。

　　6. 功能结果

　　图 6-3 所示是移动鼠标得到的全球概图。

图 6-3　全球概图

　　图 6-4 所示是鼠标移动进行实时漫游时得到的地形区域图。

图 6-4　地形区域图

95

图 6-5 所示是把三峡大坝添加到周边地形精度为 2m 图中的三维模型区域图。

图 6-5　三峡大坝模型图

6.3.1.2　要素叠加显示

1. 功能描述

可以在三维虚拟场景中叠加水系、流域、行政区划、特征等高线等辅助要素信息并指定不同形式的渲染显示效果。

2. 技术原理

(1) 数据组织

将矢量数据在服务端以底图的形式布置到服务器上，在客户端以文件的形式组织，让其和地形及影像数据的存储管理相同，方便组织和管理。

(2) 数据显示

系统在读入这些数据时，在内存中根据所调用的区域以及当前比例尺自动进行动态瓦片生成，将矢量地图数据生成一块一块的动态栅格数据，以便于快速地浏览和查询。

3. 输入输出

输入项：矢量数据；

输出项：三维场景中的矢量要素。

4. 流程设计

流程设计图如图 6-6 所示。

5. 实现设计

将矢量数据在客户端以文件形式组织，系统在读入这些数据时，又把不同类别的矢量数据分成点、线、面三种图层来进行读取，如图 6-7 所示，实现代码如下：

```
class ReadShape
{
    ReadPointShpFile(string name,…) //读取点图层形式的矢量数据;
    ReadPolyLineShpFile(string name,…) //读取线图层形式的矢量数据;
    ReadPolygonShpFile(string name,…) //读取面图层形式的矢量数据;
```

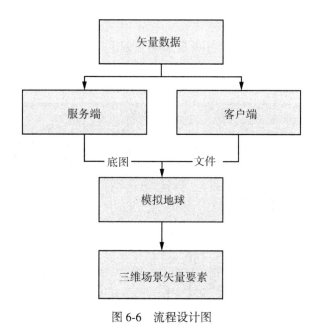

图 6-6　流程设计图

ShowShpLayergroup(boolshowornot)//控制矢量图层是否在三维场景中显示。

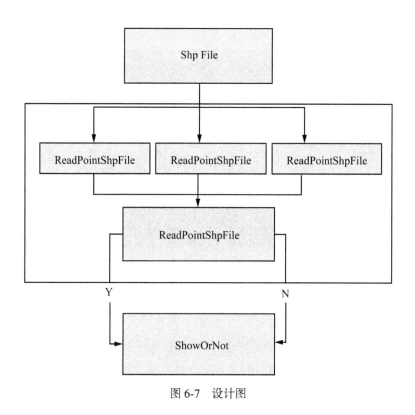

图 6-7　设计图

6. 界面实现

如图 6-8 所示，点击界面上方的【矢量控制】按钮，可以控制球面上的矢量是否显示，默认状态下是显示的。

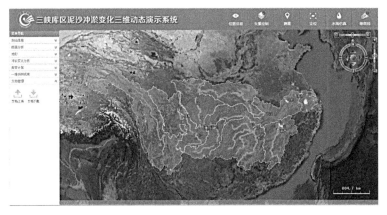

图 6-8　操作界面图

7. 功能结果

图 6-9 是由测站矢量数据、断面矢量数据、行政名称矢量数据、等高线等叠加显示的要素叠加显示图。

图 6-9　功能结果图

6.3.1.3　名称定位

1. 功能描述

通过输入目标的名称、选择目标的类型(行政区划、测站、断面)，在三维球体上快速查找对象的位置信息，根据查找到的位置信息，把三维场景中的相机移动到对应的位置。

2. 技术原理

根据得到的包含经度、纬度、高程和偏北角的位置信息，把三维场景中的相机从当前位置通过旋转和平移操作移动到对应位置。

3. 输入输出

输入项：对象名称与类型；

输出项：定位成功的三维场景或定位失败的提示。

4. 流程设计

通过输入的字符串，并选定对象类型，采用模糊搜索，在选定类型的矢量数据中快速得到符合条件的对象列表；用鼠标在对象列表中选择出所需定位的对象，得到对象位置信息；根据对象位置信息，把视图相机旋转平移到对应位置，实现定位，如图 6-10 所示。

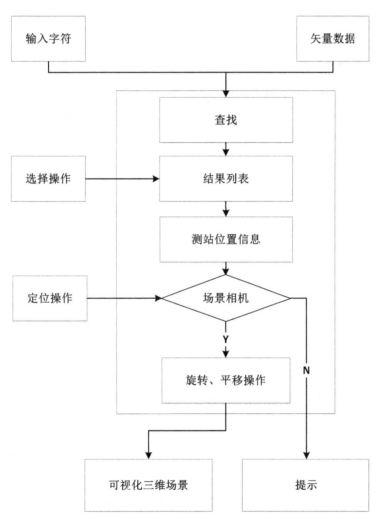

图 6-10 流程设计图

5. 实现设计

设计实现流程如图 6-11 所示。

实现设计相关代码如下：

```
class SearchSite
{
    SearchLayerSite(string)//从测站矢量数据中查找符合条件的测站集合；
输入的字符可以是测站名称,也可以是名称的首字母；
    FindLayerSite(Name)//从测站矢量数据中找到以 Name 命名的测站并定位
到对应位置。
}
```

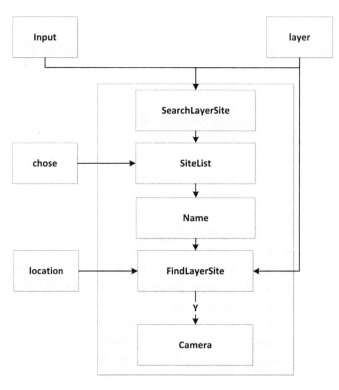

图 6-11　设计实现流程图

6. 界面实现

点击系统界面上的【定位】按钮，选择【搜索定位】Tab 页，进入搜索界面；首先选择搜索对象类型，然后在【搜索】输入框中输入需要查找对象的名称或首字母，得到模糊查询结果列表，选择列表中的对象，最后点击【查询】按钮，视图会自动定位到对应位置，如图 6-12 所示。

7. 功能结果

图 6-13 所示是输入"s"后，在结果列表中选择断面名为 S 开头的断面，再选择某条断

图 6-12 操作界面图

面，后点击【查询】按钮得到的结果图。

图 6-13 功能结果图

6.3.1.4 坐标定位

1. 功能描述

通过输入经度、纬度和高程，把三维场景中的相机移动到对应的位置。

2. 技术原理

根据得到的包含经度、纬度、高程和偏北角的位置信息，把三维场景中的相机从当前位置通过旋转和平移操作移动到对应位置。

3. 输入输出

输入项：经度、纬度、高程；

输出项：定位成功的三维场景或定位失败的提示。

4. 流程设计

输入经度、纬度和高程，得到确切的位置信息，再通过旋转平移把视图相机移动到对应位置，实现定位，流程设计如图 6-14 所示。

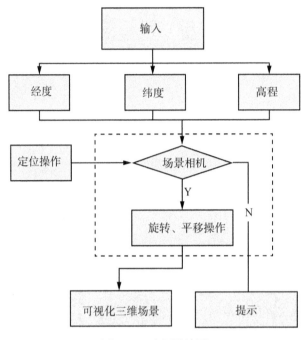

图 6-14　流程设计图

5. 实现设计

实现设计相关代码如下：

```
class LocateBy
{
    LocateByLatLonAltitude(lat,lon,alt)//定位到已知的经纬度和高程对
应的位置
}
```

6. 界面实现

点击系统界面上的【定位】按钮，选择【经纬度】Tab 页，进入坐标定位界面；在【Lat】【Lon】【Alt】输入框中分别输入代表经纬度和高程的值，再点【定位】按钮，视图会根据所输入的值定位到对应位置，同时关闭定位界面，如图 6-15 所示。

7. 功能结果

图 6-16 是 Lat、Lon、Alt 输入框分别输入"30.95""108.68""4500.00"得到的定位结果图。

图 6-15　操作界面图

图 6-16　定位结果图

6.3.1.5　用户自定义热点定位

1. 功能描述

用户可将经常关注的区域位置保存为热点，存储在用户收藏夹内。同时，用户也可以直接打开区域收藏夹，在列表中选择一个热点，根据所选热点保存的位置信息，把三维场景中的相机移动到对应的位置。

2. 技术原理

根据得到的包含经度、纬度、高程和偏北角的位置信息，把三维场景中的相机从当前位置通过旋转和平移操作移动到对应位置。

3. 输入输出

输入项：已保存的热点名称；

输出项：定位成功的三维场景或定位失败的提示。

4. 流程设计

用户可以根据浏览的需求把浏览次数多、位置特殊的位置信息以热点的形式保存起来，方便下次快速定位到对应位置。

用户在保存好的热点列表中找到并选择所需热点，得到位置信息，通过旋转平移把视图相机移动到对应位置，实现定位，设计流程如图 6-17 所示。

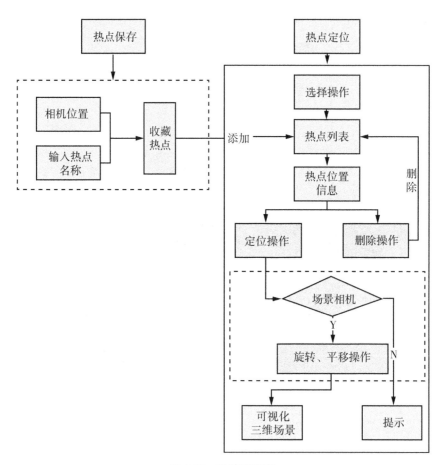

图 6-17　设计流程图

5. 实现设计

实现设计流程图如图 6-18 所示。

实现设计相关代码如下：

```
class Favorites
{
```

Location_load()//把保存到 XML 文件中的热点导入到列表中，方便用户选择热点进行定位；

SaveDataToFavorite(string name)//把当前相机位置信息以热点的形式保存到 XML 文件中；

DeleteFavoritesData(string name)//把选中的热点从列表中删除,并把该热点的位置信息从 XML 文件中删除;

GetUriByName(string name)//通过热点名称获得位置信息,并根据位置信息把相机移动到对应位置,实现定位。

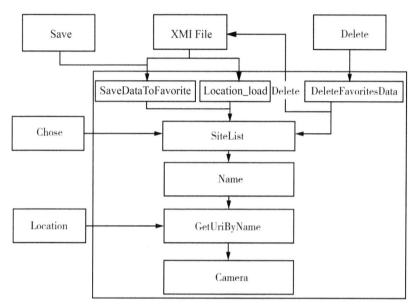

图 6-18 实现设计流程图

6. 界面实现

点击系统界面上的【定位】按钮,选择【收藏】Tab 页,进入热点收藏界面;在【收藏名称】输入框中输入需要保存的热点的名称,再点【收藏】按钮,系统会把该热点保存到热点列表中,如图 6-19 所示。

图 6-19 收藏界面图

点击系统界面上的【定位】按钮，选择【收藏夹】Tab 页，进入热点收藏夹界面；在热点列表中选择所要删除的热点，再点击【删除】按钮，可以把热点从列表中移除；在热点列表中选择并双击一个热点，可以把视图定位到热点对应的位置，如图 6-20 所示。

图 6-20　收藏夹界面图

7. 功能结果

图 6-21 是把三峡大坝模型位置以热点形式保存到热点列表中的示意图。

图 6-21　热点保存图

图 6-22 是在热点列表中选择三峡大坝并双击进行定位得到的示意图。

6.3.1.6　位置测量

1. 功能描述

测量三维场景中鼠标所在点的位置信息并在界面中显示出来。

图 6-22　热点定位图

2. 技术原理

鼠标在屏幕上的坐标，通过坐标转换，转换成球面坐标，再根据球面坐标得到三维场景中鼠标所在点的经纬度和高程信息。

3. 输入输出

输入项：鼠标在屏幕上的坐标；

输出项：鼠标所在点的经纬度以及高程信息。

4. 流程设计

通过鼠标事件获得鼠标点在屏幕上的屏幕坐标，采用坐标转换等把屏幕坐标转换成球面坐标即经纬度和高程信息；再把经度、纬度和高程返回到界面并实现出来，实现位置测量功能，流程设计如图 6-23 所示。

5. 实现设计

实现设计相关代码如下：

```
class Measure
{
    MouseMove(…)//鼠标移动事件,实时获取屏幕坐标;
    UpprojectScreenXYToLatLon(double x,…)//以屏幕坐标计算经纬度,
地形参与计算;
    GetElevationAt(lat,lon)//获取该经纬度的高程
}
```

6. 界面实现

点击系统界面上的【测量】按钮，选择【位置】Tab 页，进入位置测量界面；在【经度】【纬度】【海拔】三个显示框中会自动显示鼠标当前位置在球面上的经纬度和地形高度，如图 6-24 所示。

7. 功能结果

图 6-25 所示是测量鼠标当前位置在球面上的经纬度和地形高度的示意图。

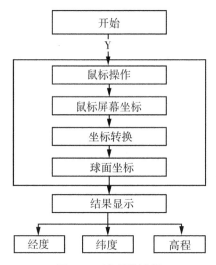

图 6-23　流程设计图

图 6-24　操作界面图

6.3.1.7　地表距离测量

1. 功能描述

测量鼠标在三维场景中所选点连线的直线距离和地表距离。

图 6-25　功能结果图

2. 技术原理

把鼠标在屏幕上所选点的坐标，通过坐标转换，转换成球面坐标；再把所选点用曲线贴着地表连接起来；根据曲线和鼠标所选点转换的球面坐标，来计算直线距离、地表距离和方位角。

3. 输入输出

输入项：鼠标所选点在屏幕上的坐标；

输出项：直线距离、地表距离、方位角。

4. 流程设计

通过鼠标点击事件得到一系列的屏幕坐标；再用坐标转换方法把这一系列的屏幕坐标转换成一系列的球面坐标，在球面上把这些点连成线，通过计算线的长度和方位角来得到所需的地表长度、直线长度和方位角，流程设计图如图 6-26 所示。

5. 实现设计

实现设计流程如图 6-27 所示。

实现设计相关代码如下：

```
classMeasurePathRO:RenderableObject
{
    MouseMove(…) //鼠标移动事件,实时获取鼠标屏幕坐标;
    MouseDown(…) //鼠标点击事件,获取鼠标当前屏幕坐标;

    Length{set{};get{}};//对象的点集合连线的直线距离
    TLength {set{};get{}};//对象的点集合连线的地表距离
    CurrentAzimuth {set{};get{}};//对象的点集合连线的方位角
    SurfaceArea{set{};get{}};//对象的点集合连线的面积
}
Public enumMeasureType//结构类
```

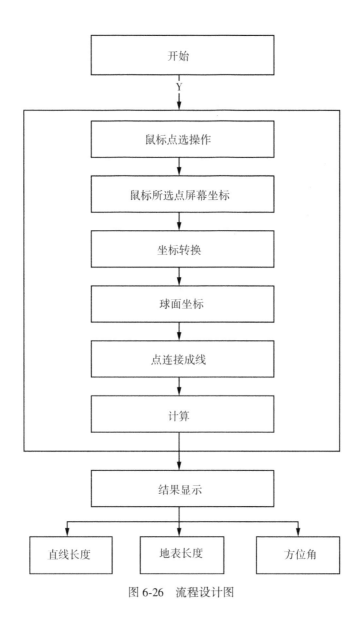

图 6-26 流程设计图

```
{
    Length;//绘制线
    Area;//绘制面
}
```

6. 界面实现

点击系统界面上的【测量】按钮,选择【地表距离】Tab 页,进入地表距离测量界面;鼠标在球面上点击确定需要构成线的端点,右击结束操作;在【直线长度】【地表长度】【方位角】显示框中会分别显示由点构成线的直线长度和地表长度以及最后两点构成线的方位角,如图 6-28 所示。

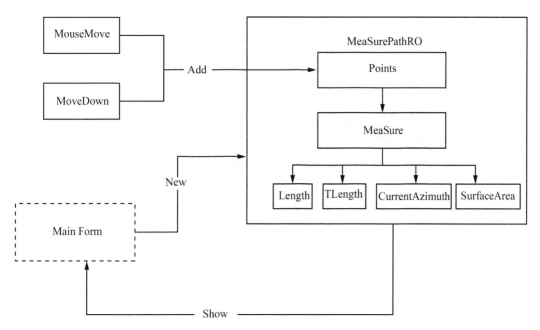

图 6-27 流程设计图

图 6-28 操作界面图

7. 功能结果

图 6-29 是在球面随意点击两点得到的结果示意图。

图 6-29　结果示意图

6.3.1.8　地表面积测量

1. 功能描述

测量鼠标所选点构成的多边形在三维场景中的地表面积和地表周长。

2. 技术原理

把鼠标在屏幕上所选点的坐标，通过坐标转换，转换成球面坐标；再把所选点用曲线贴着地表连接起来构成一个多边形；根据多边形和鼠标所选点转换的球面坐标，来计算鼠标所选点构成的多边形在三维场景中的地表面积和地表周长。

3. 输入输出

输入项：鼠标所选点在屏幕上的坐标；

输出项：地表面积、地表周长。

4. 流程设计

通过鼠标点击事件得到一系列的屏幕坐标；再用坐标转换方法把这一系列的屏幕坐标转换成一系列的球面坐标，在球面上把这些点连成多边形构成面，通过计算多边形的周长和面积得到所需的地表面积和地表周长，流程设计如图 6-30 所示。

5. 实现设计

实现设计流程如图 6-31 所示。

实现设计相关代码如下：

```
classMeasurePathRO:RenderableObject
{
    MouseMove(…) // 鼠标移动事件,实时获取鼠标屏幕坐标;
    MouseDown(…) // 鼠标点击事件,获取鼠标当前屏幕坐标;

    Length{set{};get{}}; // 对象的点集合连线的直线距离
    TLength {set{};get{}}; // 对象的点集合连线的地表距离
    CurrentAzimuth {set{};get{}}; // 对象的点集合连线的方位角
```

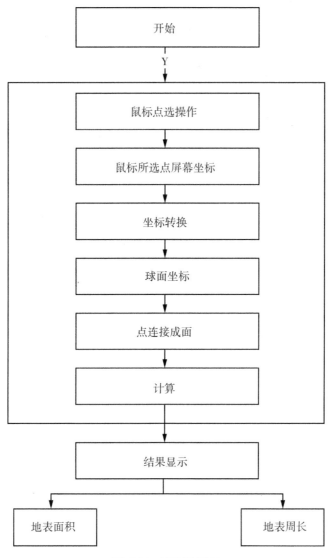

图 6-30　流程设计图

```
        SurfaceArea{set{};get{}};//对象的点集合连线的面积
}
Public enumMeasureType//结构类
{
        Length;//绘制线
        Area://绘制面
}
```

6. 界面实现

点击系统界面上的【测量】按钮，选择【地表面积】Tab 页，进入地表面积测量界面；

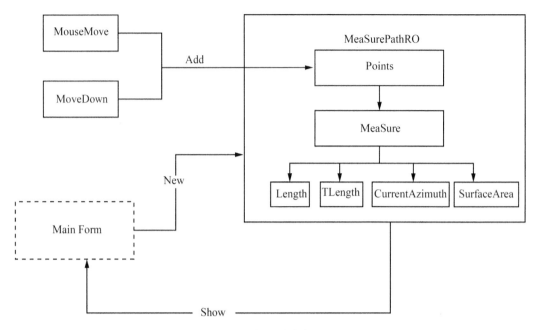

图 6-31　实现设计流程图

鼠标在球面上点击确定需要构成多边形的端点，右击结束操作；在【地表面积】【地表周长】显示框中会分别显示由点构成多边形的地表面积以及地表周长，如图 6-32 所示。

图 6-32　操作界面图

7. 功能结果

图 6-33 所示是鼠标在球面上点击三个点构成三角形得到的测量结果示意图。

图 6-33 功能结果图

6.3.1.9 基于鼠标移动的坐标显示

1. 功能描述

根据鼠标移动实时显示该点坐标与高程或冲淤厚度值等。

2. 技术原理

根据鼠标在屏幕移动时的屏幕坐标换算成 WGS-84 的球面经纬度坐标并实时查询该点的 DEM 数据中的高程或冲淤厚度值，并跟随鼠标位置显示。

3. 输入输出

输入：鼠标指示点的屏幕坐标图；

输出：鼠标指示点的球面坐标。

4. 功能结果

功能输出结果如图 6-34 所示。

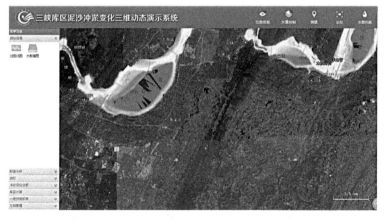

图 6-34 输出结果图

6.3.2　断面查询

6.3.2.1　固定断面二维展示

1. 功能描述

根据用户选择的断面和测次到数据库中查询得到断面数据,在二维界面上展现断面信息和绘制单断面图、多测次套绘图,单测次时同时计算包括水面宽、断面面积、平均水深、宽深比和平均高度在内的断面要素。

2. 技术原理

1) 水面宽计算

根据选择和输入的结果,系统从数据库中提取大断面数据绘制出实测的起点距、河底高程,拟合出河底地形线(断面纵剖面),然后用输入的水位高程线切割河底地形线,分别计算交点间的距离,如果遇到心滩,分段处理,如图 6-35 所示。算法为:

$$B_{i,k} = \sum_{j=1}^{N_i-1} B_{i,j,k} = \sum_{j=1}^{N_i-1} (l_{i,j+1} - l_{i,j})$$

如果 $Z_{b,i,j}$,$Z_{b,i+1,j} > Z_{i,k}$,则 i 与 $i+1$ 点间的宽度记为零,否则在 i 与 $i+1$ 点间直线内插高程值为 $Z_{i,k}$ 的点,然后参加计算。

计算方法为:根据断面起点距、相应高程、水位,以直线插值法计算(如图 6-35 所示)。

① 当某水位下过水断面为单式(图中 EF 线)时,根据水位值(Z),用插值法计算 E、F 点起点距 LE、LF,两起点距差值($LF - LE$)即为该水位时水面宽;

② 当某水位下过水断面为复式(图中 AD 线)时,用插值法分别计算 A、B、C、D 点起点距(LA、LB、LC、LD),A、B 起点距差值($LB - LA$)与 C、D 起点距差值($LD - LC$)之和为该水位时水面宽。

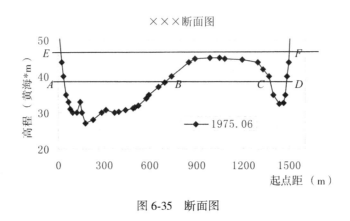

图 6-35　断面图

2) 断面面积计算

根据选择和输入的结果,系统从数据库中提取大断面数据绘制出实测的起点距、河底高程,拟合出河底地形线(断面纵剖面),然后用输入的水位高程线切割河底地形线,分别计算交点间的距离，如果遇到心滩，分段处理。算法为：

$$B_{i,\,k} = \sum_{j=1}^{N_i-1} B_{i,j,\,k} = \sum_{j=1}^{N_i-1} (l_{i,\,j+1} - l_{i,\,j})$$

如果 $Z_{b,\,i,j}$，$Z_{b,\,i+1,j} > Z_{i,\,k}$，则 i 与 $i+1$ 点间的宽度记零，否则在 i 与 $i+1$ 点间直线内插高程值为 $Z_{i,\,k}$ 的点，然后参加计算。

计算方法为：根据断面起点距、相应高程、水位，以直线插值法计算（如图 6-35 所示）。

① 当某水位下过水断面为单式（图中 EF 线）时，根据水位值（Z），用插值法计算 E、F 点起点距 LE、LF，利用梯形法计算河底地形线和水面线 EF 构成的多边形的面积即为对应的断面面积；

② 当某水位下过水断面为复式（图中 AD 线）时，用插值法分别计算 A、B、C、D 点起点距（LA、LB、LC、LD），利用梯形法计算河底地形线和线 AB 构成的多边形的面积 S_1 以及河底地形线和线 CD 构成的多边形的面积 S_2，$S_1 + S_2$ 即为对应的断面面积。

3）平均水深计算

用前面的方法计算出水面宽度和断面面积后，用面积除以宽度即为平均水深（$\overline{H} = A/B$）。

4）宽深比计算

用前面的方法计算出水面宽度和水深后，用水面宽度除以水深即为宽深比（$\overline{H} = A/B$）。

5）平均高度计算

用前面的方法计算出平均水深后，用水位减去平均水深即为河床平均高程 $h = H - \overline{H}$。

3. 输入输出

输入项：数据库、查询条件；

输出项：断面图、断面要素。

4. 流程设计

通过选择的断面和测次以及输入的水位信息，到数据库中查询得到符合条件的数据，再通过一系列的处理和计算，利用 echarts 绘制断面图，如图 6-36 所示。

5. 实现设计

实现设计相关代码如下：

```
class ShowSectionInfo
{
    GetData(…)//通过查询条件在数据库中得到数据
    GetSectionInfo(…)//计算断面要素
    DrawChart(…)//绘制图形
}
```

6. 界面实现

选择菜单导航中【断面分析】下拉菜单，点击【二维固定断面分析】按钮，进入二维固

117

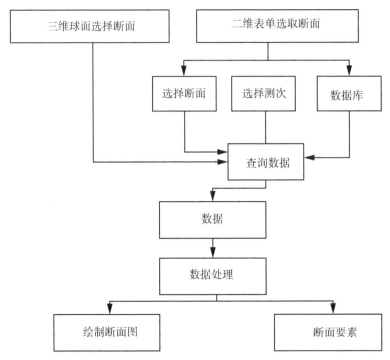

图 6-36 流程设计图

定断面分析界面，如图 6-37 所示。

图 6-37 操作界面图

选择【断面图】Tab 页，在【河流】【断面】【测次】下拉框中选择一个条件，在【水位】输入框中输入合适水位，点击【查询】按钮，可以在界面上得到一个用 echarts 绘制的断面图以及断面要素的结果。点击【数据】会弹出时间、起点距、高程的表格。

选择【套绘图】Tab 页，首先在【河流】【断面】下拉框中分别选择一个条件，确定一个断面；其次在【测次】下拉框中选择一个测次用来套绘；最后点击【套绘】按钮，可以在界面上得到一个用 echarts 绘制的单断面多测次的套绘图。点击【数据】会弹出时间、起点距、高程的表格。

7. 功能结果

图 6-38 所示是河流为长江，断面为 CJ120，测次为 20151023-2，水位为 262.65 的单断面图，右侧是时间、起点距、高程的表格。

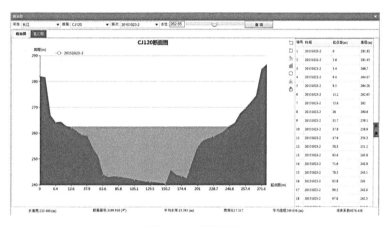

图 6-38　单断面图

图 6-39 所示是河流为长江，断面为 CJ120，测次为 20141028-2 和 20151023-2 的单断面多测次套绘图，右侧为编号、起点距、高程的表格。

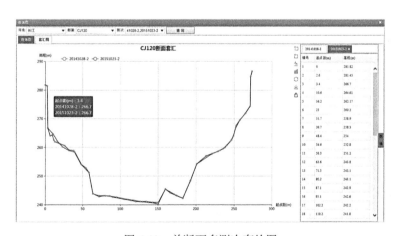

图 6-39　单断面多测次套绘图

6.3.2.2　固定断面三维展示

1. 功能描述

根据用户选择的断面和测次到数据库中查询得到断面数据，在球面上以公告牌的形式显示出来。当选择多个测次时可进行动态变化演示。

2. 技术原理

①断面要素计算原理见 6.3.2.1 节。

②公告牌技术。在球面上实时绘制一个公告牌,利用 Graphics 绘制曲线并生成一张图片,再利用实时渲染实时地更换公告牌的图片。

3. 输入输出

输入项:鼠标事件、数据库、查询条件;

输出项:公告牌。

4. 流程设计

通过选择的断面和测次,到数据库中查询得到符合条件的数据,再通过一系列的处理和计算,利用 Graphics 在公告牌上绘制断面图,设计流程如图 6-40 所示。

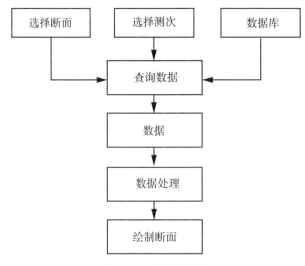

图 6-40 流程设计图

5. 实现设计

实现设计相关代码如下:

```
class SectionInfo3D
{
    GetData(…) //通过查询条件到数据库中得到数据
    GetSectionInfo(…) //计算断面要素
    DrawChart(…) //绘制图形
    Render(…) //实时绘制
    UpdataChartTexture(…) //实时更新图片
}
struct CE_ZHAN
{
```

```
public string name;
public string sid;
public double latL;
public double lonL;
public double latR;
public double lonR;
}
```

6. 界面实现

选择菜单导航中【断面分析】下拉菜单，点击【三维固定断面分析】按钮，再在球面上用鼠标选择点击一个断面，在弹出的【选择工程测次】界面中【测次】下拉框中选择测次（可多选），点击【确定】按钮，在球面选择的断面上方会弹出一个公告牌实时绘制断面图。点击【重新播放】按钮时可以查看选择多个测次的地形变化。【Excel 输出】勾选后点击确定，会输出数据到 Excel。界面实现如图 6-41 所示。

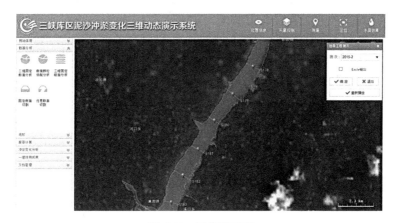

图 6-41 操作界面图

7. 功能结果

图 6-42 所示是选择断面为 S180，并选择测次 2010-1 后，得到的结果图。

6.3.2.3 固定断面切割查询

1. 功能描述

在球面上以公告牌的形式显示断面切割地形后计算得到的断面地形数据。当切割多个测次地形时可进行动态变化演示。

2. 技术原理

见 6.3.2.1 节中"2. 技术原理"。

3. 输入输出

输入项：鼠标事件、地形数据、数据库、查询条件；

输出项：公告牌。

121

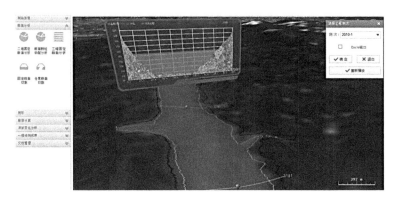

图 6-42　功能结果图

4. 流程设计

通过选择的断面，得到断面两个端点坐标，通过断面切割地形数据，得到项目和测次的数列表，再到数据库中查询得到符合条件的数据，再通过一系列的处理和计算，利用 Graphics 在公告牌上绘制断面图，流程设计如图 6-43 所示。

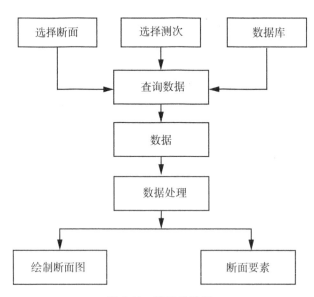

图 6-43　流程设计图

5. 实现设计
实现设计相关代码如下：

```
class ShowSectionInfoGD
{
    GetData(…) //通过查询条件在数据库中得到数据
    GetSectionInfo(…) //计算断面要素
```

```
    DrawChart(…) //绘制图形
    Render(…) //实时绘制
    UpdataChartTexture(…) //实时更新图片
}
struct CE_ZHAN
{
    public string name;
    public string sid;
    public double latL;
    public double lonL;
    public double latR;
    public double lonR;
}
```

6. 界面实现

选择菜单导航中【断面分析】下拉菜单,点击【固定断面切割】按钮,再在球面上用鼠标选择点击一个断面,在弹出的断面切割界面中【项目】【测次】下拉框中选择项目和测次(可多选),点击【确定】按钮,在球面选择的断面上方会弹出一个公告牌实时绘制断面图,点击【重新播放】按钮时可以查看选择多个测次的地形变化。界面实现如图6-44所示。

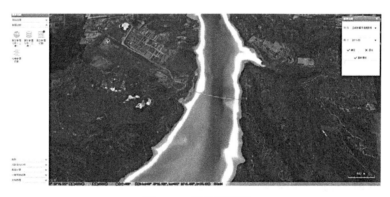

图 6-44 操作界面图

7. 功能结果

图 6-45 所示是选择两个测次的结果图。

6.3.2.4 任意断面切割查询

1. 功能描述

用户在球面上用鼠标任意绘制一个断面,用公告牌的形式显示任意断面的断面地形。当切割多个测次地形时可进行动态变化演示。

123

图 6-45　功能结果图

2. 技术原理

见 6.3.2.1 节中"2. 技术原理"。

3. 输入输出

输入项：鼠标事件、数据库、查询条件；

输出项：公告牌。

4. 流程设计

利用鼠标在球面上绘制一个任意断面，通过断面切割地形数据，得到项目和测次的数列表，再到数据库中查询得到符合条件的数据，再通过一系列的处理和计算，利用 Graphics 在公告牌上绘制断面图，流程设计如图 6-46 所示。

5. 实现设计

实现设计相关代码如下：

```
class ShowSectionInfoRY
{
    GetData(…) //通过查询条件在数据库中得到数据
    GetSectionInfo(…) //计算断面要素
    DrawChart(…) //绘制图形
    Render(…) //实时绘制
    UpdataChartTexture(…) //实时更新图片
}
struct CE_ZHAN
{
    public string name;
    public string sid;
    public double latL;
    public double lonL;
    public double latR;
```

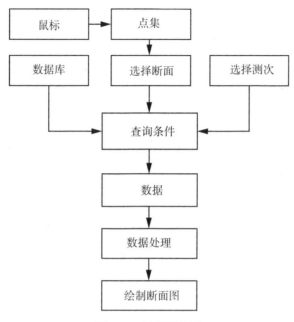

图 6-46 流程设计图

```
public double lonR;
}
```

6. 界面实现

选择菜单导航中【断面分析】下拉菜单，点击【任意断面切割】按钮，再在球面上用鼠标选择绘制一个任意断面，右击结束绘制；在弹出的断面切割界面中【项目】【测次】下拉框中选择项目和测次，点击【确定】按钮，在球面选择的断面上方会弹出一个公告牌实时绘制断面图，点击【重新播放】按钮时可以查看选择多个测次的地形变化。操作界面如图6-47 所示。

图 6-47 操作界面图

7. 功能结果

图 6-48 所示是任意断面的断面地形变化图。

图 6-48　功能结果图

6.3.3　测站信息查询

6.3.3.1　测站基本信息查询

1. 功能描述

显示测站资料信息。

2. 技术原理

根据测站名称和编号查询测站信息表（HY_STCT_A）。

3. 输入输出

输入：测站名称；

输出：测站信息。

4. 流程设计

流程设计如图 6-49 所示。

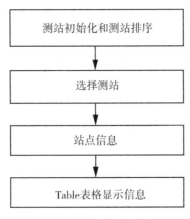

图 6-49　流程设计图

5．实现设计

①查询测站信息表，初始化测站下拉框，初始化时间控件；

②根据测站 ID，测站 name 查询测站数据；

③二维页面 table 表格展示数据。

6.3.3.2 水位过程线图

1．功能描述

水位过程线图根据各测站水位监测数据绘制，反映水位变化与时间的关系。水位过程线图按时间序列绘制显示。套绘时按年为分组单位进行。

2．技术原理

①查询：根据测站名称查询测站编码，根据测站编码和起始时间、结束时间查询（HY _ DZ_ C）水位日表，读取（DT、AVZ）水位数据，将数据以二维过程线图展示。

②套绘：若套绘，查询数据为整年开始，将查询数据根据年份分组，套绘到图表，若当年是闰年则 2 月 29 号有数据，其他不是闰年的年份数据 2 月 29 号数据应为空。

3．输入输出

输入：测站站点、起始时间、结束时间，如图 6-50 所示。

输出：水位过程线查询图、水位过程线套绘图，如图 6-51、图 6-52 所示。

图 6-50　输入

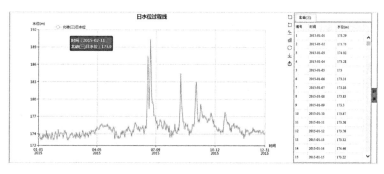

图 6-51　水位过程线查询图

4．流程设计

流程设计如图 6-53 所示。

5．实现设计

①查询测站信息表，初始化测站下拉框，初始化时间控件；

②根据测站 ID，测站 name 查询测站数据；

③二维页面图表展示数据。

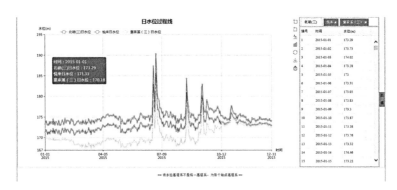

图 6-52 水位过程线套绘图

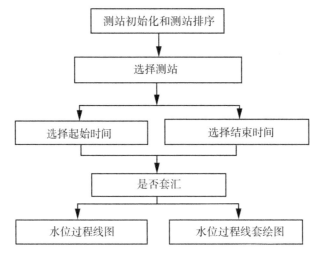

图 6-53 流程设计图

6. 功能结果

水位过程线功能结果如图 6-54 所示。

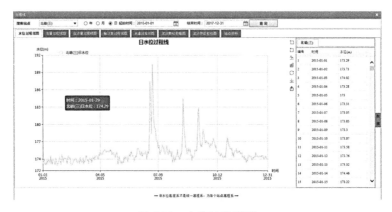

图 6-54 水位过程线图

水位过程线套绘功能结果如图 6-55 所示。

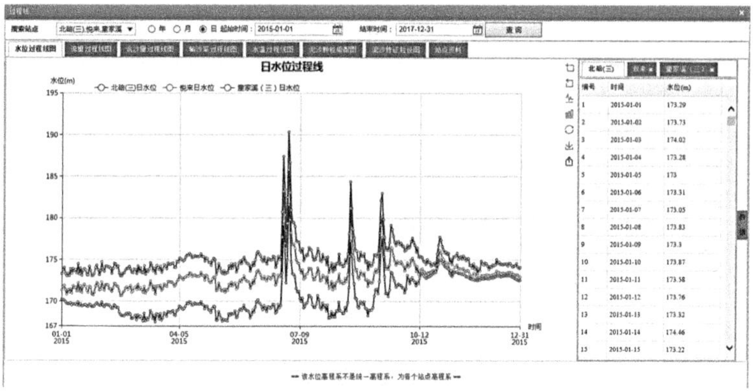

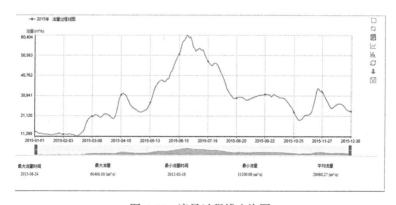

图 6-55 水位过程线套绘图

6.3.3.3 流量过程线图

1. 功能描述

流量过程线图根据各测站流量监测数据绘制，反映流量变化与时间的关系。流量过程线图按时间序列绘制显示。套绘时按年为分组单位进行。

2. 技术原理

①查询：根据测站名称查询测站编码，根据测站编码和起始时间、结束时间查询(HY_DQ_C)流量日表，读取(DT、AVQ)流量数据，将数据以二维过程线图展示。

②套绘：若套绘，查询数据为整年开始，将查询数据根据年份分组，套绘到图表，若当年是闰年则 2 月 29 号有数据，其他不是闰年的年份数据 2 月 29 号数据应为空。

3. 输入输出

输入：测站站点、起始时间、结束时间；

输出：流量过程线查询图、流量过程线套绘图，如图 6-56、图 6-57 所示。

图 6-56 流量过程线查询图

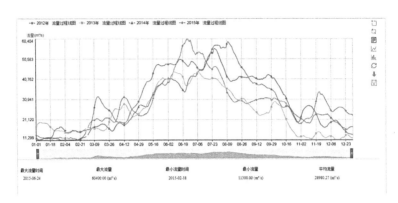

图 6-57　流量过程线套绘图

4. 流程设计

流程设计如图 6-58 所示。

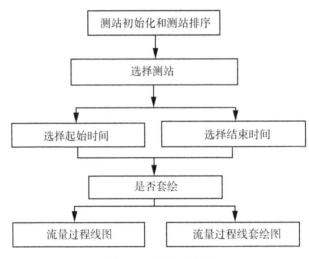

图 6-58　流程设计图

5. 实现设计

①查询测站信息表，初始化测站下拉框，初始化时间控件；

②根据测站 ID，测站 name 查询测站数据；

③二维页面图表展示数据。

6. 功能结果

流量过程线功能结果如图 6-59 所示。

流量过程线套绘功能结果如图 6-60 所示。

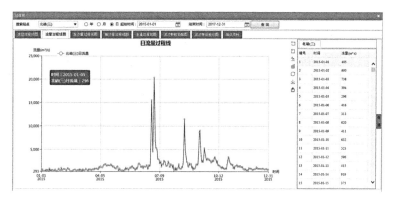

图 6-59　流量过程线图

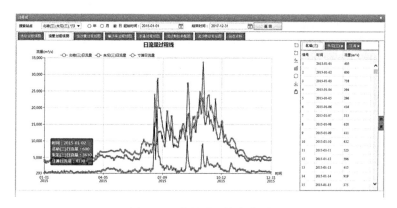

图 6-60　流量过程线套绘图

6.3.3.4　含沙量过程线图

1. 功能描述

含沙量过程线图根据各测站含沙量监测数据绘制，反映含沙量变化与时间的关系。含沙量过程线图按时间序列绘制显示。套绘时按年为分组单位进行。

2. 技术原理

①查询：根据测站名称查询测站编码，根据测站编码和起始时间、结束时间查询（HY_DCS_C）含沙量日表，读取（DT、AVCS）含沙量数据，将数据以二维过程线图展示。

②套绘：若套绘，查询数据为整年开始，将查询数据根据年份分组，套绘到图表，若当年是闰年则 2 月 29 号有数据，其他不是闰年的年份数据 2 月 29 号数据应为空。

3. 输入输出

输入：测站站点、起始时间、结束时间；

输出：含沙量过程线查询图、含沙量过程线套绘图，如图 6-61、图 6-62 所示。

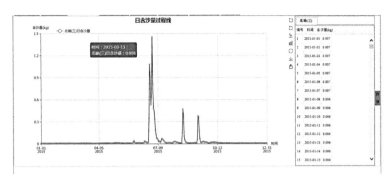

图 6-61 含沙量过程线查询图

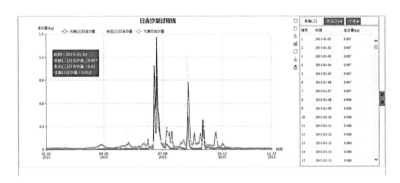

图 6-62 含沙量过程线套绘图

4. 流程设计

流程设计如图 6-63 所示。

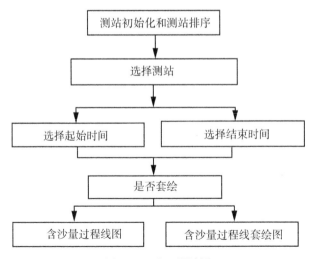

图 6-63 流程设计图

5. 实现设计

①查询测站信息表，初始化测站下拉框，初始化时间控件；

②根据测站 ID，测站 name 查询测站数据；

③二维页面图表展示数据。

6. 功能结果

如图 6-64、图 6-65 所示是含沙量过程线图和含沙量过程线套绘图功能结果。

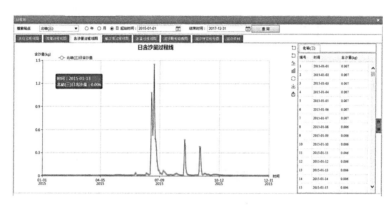

图 6-64　含沙量过程线图

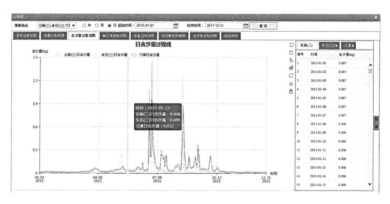

图 6-65　含沙量过程线套绘图

6.3.3.5 输沙率过程线图

1. 功能描述

输沙率过程线图根据各测站输沙率监测数据绘制，反映输沙率变化与时间的关系。输沙率过程线图按时间序列绘制显示。套绘时按年为分组单位进行。

2. 技术原理

①查询：根据测站名称查询测站编码，根据测站编码和起始时间、结束时间查询（HY_DQS_C）输沙率日表，读取（DT、AVQS）输沙率数据，将数据以二维过程线图展示。

②套绘：若套绘，查询数据为整年开始，将查询数据根据年份分组，套绘到图表，若当年是闰年则 2 月 29 号有数据，其他不是闰年的年份数据 2 月 29 号数据应为空。

6.3.3.6   输入输出

输入：测站站点、起始时间、结束时间；

输出：输沙率过程线查询图、输沙率过程线套绘图，如图 6-66、图 6-67 所示。

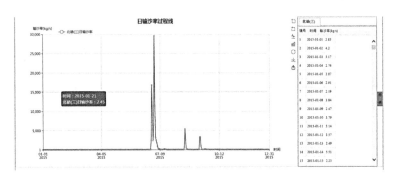

图 6-66   输沙率过程线查询图

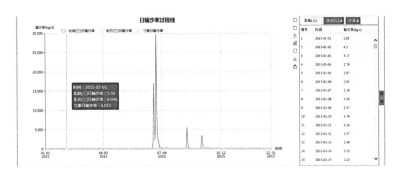

图 6-67   输沙率过程线套绘图

1. 流程设计

流程设计如图 6-68 所示。

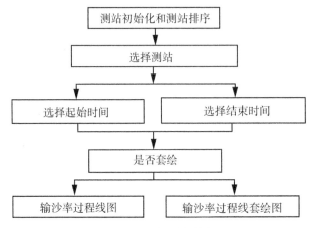

图 6-68   流程设计图

2. 实现设计

①查询测站信息表，初始化测站下拉框，初始化时间控件；

②根据测站 ID，测站 name 查询测站数据；

③二维页面图表展示数据。

3. 功能结果

输沙率过程线及套绘功能结果如图 6-69、图 6-70 所示。

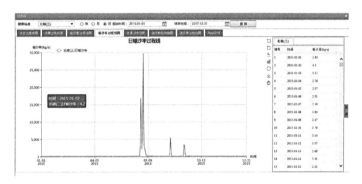

图 6-69　输沙率过程线图

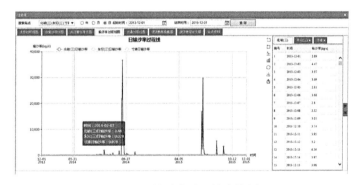

图 6-70　输沙率过程线套绘图

6.3.3.7　泥沙颗粒级配图

1. 功能描述

泥沙颗粒级配图根据各测站颗粒级配绘制，反映沙重与粒径的关系。水温过程线图按粒径序列绘制显示。套绘时按年为分组单位进行。

2. 技术原理

①查询：根据测站名称查询测站编码，根据测站编码和起始、结束时间查询(hy_yrpddb_ f)年颗粒级配表，读取(LTPD、AVSWPCT)颗粒级配数据，将数据以二维过程线图展示。

②套绘：若套绘，查询数据为整年开始，将查询数据根据年份分组，套绘到图表，若当年是闰年则 2 月 29 日有数据，其他不是闰年的年份数据 2 月 29 日数据应为空。

3．输入输出

输入：测站站点、时间、类型；

输出：泥沙颗粒级配线图、泥沙颗粒级配线套绘图，如图 6-71、图 6-72 所示。

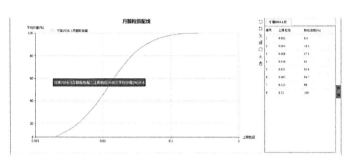

图 6-71 泥沙颗粒级配线图

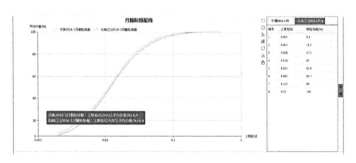

图 6-72 泥沙颗粒级配线套绘图

4．流程设计

流程设计如图 6-73 所示。

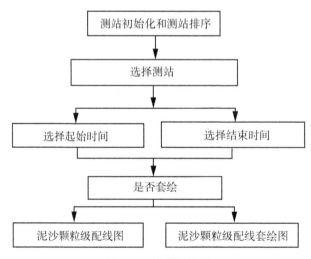

图 6-73 流程设计图

5. 实现设计

①查询测站信息表，初始化测站下拉框，初始化时间控件；

②根据测站 ID，测站 name 查询测站数据；

③二维页面图表展示数据。

6. 功能结果

泥沙颗粒级配线及套绘功能结果如图 6-74、图 6-75 所示。

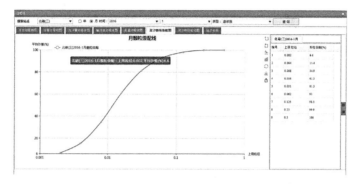

图 6-74 泥沙颗粒级配线图

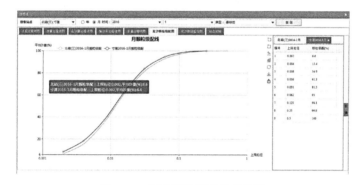

图 6-75 泥沙颗粒级配线套绘图

6.3.3.8 水温过程线图

1. 功能描述

水温过程线图根据各测站水温监测数据绘制，反映水温变化与时间的关系。水温过程线图按时间序列绘制显示。套绘时按年为分组单位进行。

2. 技术原理

①查询：根据测站名称查询测站编码，根据测站编码和起始时间、结束时间查询（HY_DWT_C）水温日表，读取（DT、AVWT）水温数据，将数据以二维过程线图展示。

②套绘：若套绘，查询数据为整年开始，将查询数据根据年份分组，套绘到图表，若当年是闰年则 2 月 29 日有数据，其他不是闰年的年份数据 2 月 29 日数据应为空。

3. 输入输出

输入: 测站站点、起始时间、结束时间;

输出: 水温过程线图、水温过程线套绘图, 如图 6-76、图 6-77 所示。

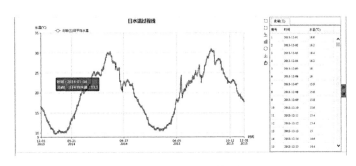

图 6-76　水温过程线图

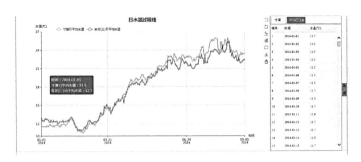

图 6-77　水温过程线套绘图

4. 流程设计

流程设计如图 6-78 所示。

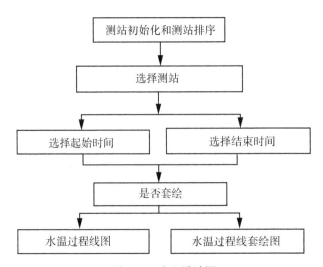

图 6-78　流程设计图

5. 实现设计

①查询测站信息表，初始化测站下拉框，初始化时间控件；

②根据测站 ID，测站 name 查询测站数据；

③二维页面图表展示数据。

6. 功能结果

水温过程线图及套绘图如图 6-79、图 6-80 所示。

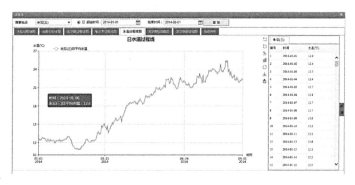

图 6-79　水温过程线图

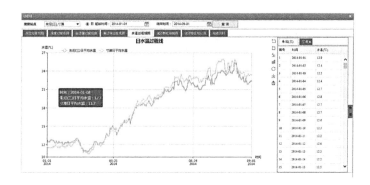

图 6-80　水温过程线套绘图

6.3.3.9　泥沙特征粒径图

1. 功能描述

泥沙颗粒级配图根据各测站泥沙特征绘制，反映粒径类型与平均粒径尺寸的关系。泥沙特征粒径图按粒径类型序列绘制显示。套绘时按年为分组单位进行。

2. 技术原理

①查询：根据测站名称查询测站编码，根据测站编码和起始时间、结束时间查询（hy_yrpddb_f）年颗粒级配表，读取（DSNM、AVPD）颗粒级配数据，将数据以二维过程线图展示。

②套绘：若套绘，查询数据为整年开始，将查询数据根据年份分组，套绘到图表，若当年是闰年则 2 月 29 日有数据，其他不是闰年的年份数据 2 月 29 日数据应为空。

3. 输入输出

输入：测站站点、时间；

输出：泥沙特征粒径线图、泥沙特征粒径线套绘图，如图 6-81、图 6-82 所示。

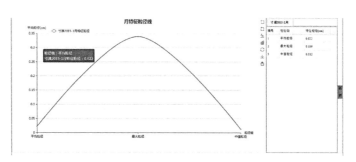

图 6-81　泥沙特征粒径线图

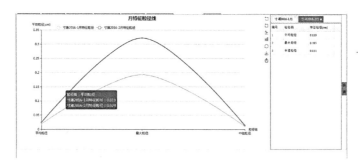

图 6-82　泥沙特征粒径线套绘图

4. 流程设计

流程设计如图 6-83 所示。

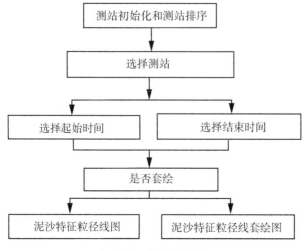

图 6-83　流程设计图

5. 实现设计

①查询测站信息表,初始化测站下拉框,初始化时间控件;

②根据测站 ID,测站 name 查询测站数据;

③二维页面图表展示数据。

6. 功能结果

泥沙特征粒径线如图 6-84 所示。

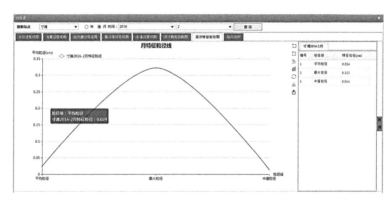

图 6-84 泥沙特征粒径线图

泥沙特征粒径线套绘图如图 6-85 所示。

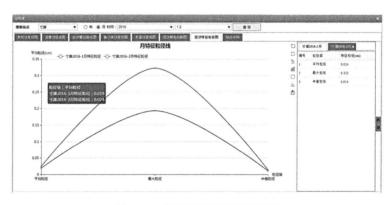

图 6-85 泥沙特征粒径线套绘图

6.3.3.10 大断面查询

1. 功能描述

大断面图根据各测站大断面监测数据绘制,反映大断面变化与时间的关系。

2. 技术原理

①查询:根据节点名称、时间查询(HY_XSMSRS_G)表,读取(DI,RVBDEL)断面数据,将数据以二维表图展示;

②套绘:若套绘则至少选择两个以上时间(套绘必须大于或等于两个时间的数据)。

3．输入输出

输入：节点、时间；

输出：大断面过程线图、大断面过程线套绘图，如图 6-86、图 6-87 所示。

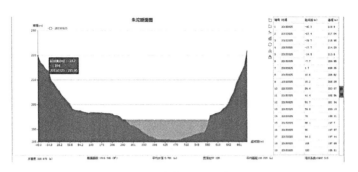

图 6-86　大断面过程线图

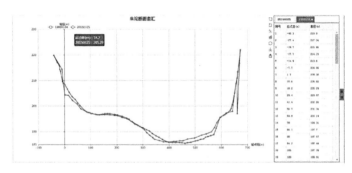

图 6-87　大断面过程线套绘图

4．流程设计

流程设计如图 6-88 所示。

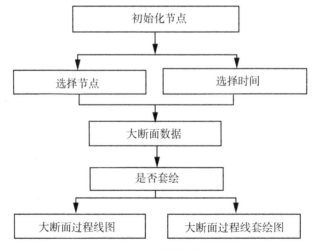

图 6-88　流程设计图

5. 实现设计

①初始化节点下拉框，初始化时间下拉框；

②根据节点，查询大断面数据；

③二维页面图表展示数据。

6. 功能结果

水文大断面图如图 6-89 所示。

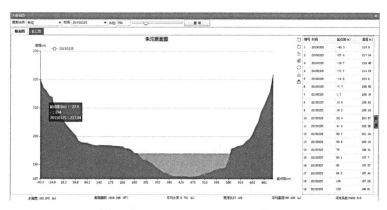

图 6-89　水文大断面图

水文大断面套绘图如图 6-90 所示。

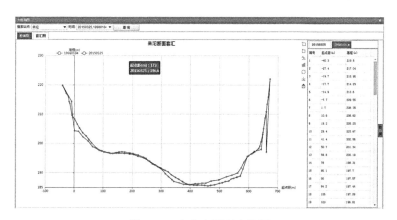

图 6-90　水文大断面套绘图

6.3.4　可视化成果输出

1. 功能描述

将查询的可视化成果转换为 Excel 输出、图片输出或二维表格成果多窗口显示，其中包括过程线、大断面、固定断面、任意断面、断面法冲淤量、地形法冲淤量、冲淤高程关系、深泓线、断面法库容、地形法库容、静库容计算、实时库容分析、初步设计成果库容对比、库容高程关系等功能。

2. 技术原理

Excel 输出：将查询的图表信息结果转换为二维表存入 Excel 中并输出；

图片输出：将查询的图表信息结果截屏转换为图片输出；

多窗口显示：将查询的数据在一个或多个新窗口显示，并且各个窗口互相独立互不影响。

3. 输入输出

输入：图表查询与计算分析结果；

输出：Excel 表格、JPG 格式图片的查询与计算分析结果。

4. 界面实现

界面实现如图 6-91 所示。

图 6-91　界面实现图

5. 功能结果

Excel 输出结果如图 6-92 所示。

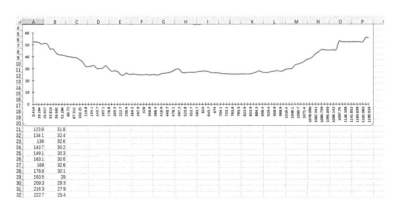

图 6-92　Excel 输出结果图

可视化成果多窗口显示如图 6-93 所示。

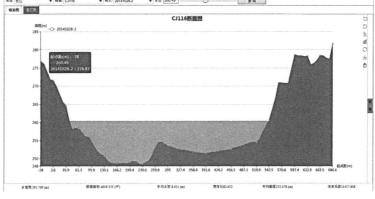

图 6-93　可视化成果多窗口显示图

6.3.5　文档管理

1. 功能描述

按照文档内容分类上传或搜索、下载各类技术文件。

2. 技术原理

上传：用户将各种类型文档从本地按项目分类上传至服务器的数据库中。

检索与下载：用户可根据文档类型、文件名或归档时间，搜索该类型所有文件并下载数据库中所存储的相应文档进行浏览。

3. 输入、检索与输出

上传输入：文档分类、所属年份、文件名、本地文件等；

上传输出：上传成功或失败提示；

检索与下载输入：依据文档分类、所属年份、文件名等检索所需文档；

下载输出：下载的各类型文档。

4. 流程设计

流程设计如图 6-94 所示。

5. 实现设计

1）上传

①查询项目编码表，初始化项目名称树状图；

②根据用户选择的文件项目类型、输入的文件名、文件归档年份将上传文件写入数据库；

③返回上传成功或失败的确认信息。

2）下载

①查询项目编码表，初始化项目名称树状图；

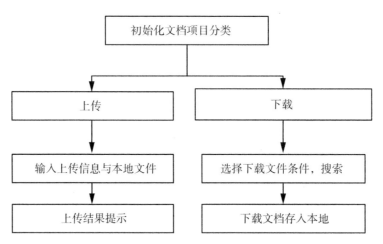

图 6-94　流程设计图

②根据用户输入的条件，搜索并列出该项目类型下的所有文档供用户下载；
③下载后的文档存入本地。

第7章 实测地形冲淤变化分析与
动态演示模块设计及实现

7.1 概　　述

实测地形的冲淤变化分析与动态演示子系统用于完成三维空间下，基于实测地形的冲淤变化的相关计算和计算结果的动态展示。冲淤变化计算的相关算法从已有的、经过长期实践和检验的成熟代码移植而来，在服务端采用 JNI 技术提供接口供 Java 调用，确保了算法的一致性与准确性。服务端接收冲淤变化分析计算的请求，调用数据访问接口和相关算法的接口，然后将结果返回给客户端，根据需要在浏览器的二维渲染模块和 Gaea Explorer 的三维场景渲染模块中分别进行展示。

该子系统采用了 JavaEE、Web 前段、数据库访问、动态三维场景渲染等多种技术，在设计和开发时要充分考虑各技术之间的衔接和过渡，同时注重松散化各个功能模块，合理地设计和实现各模块间的接口及调用关系，达到模块间低耦合的目的，提高模块的可重用性。

7.2 功　能　列　表

系统的功能如表 7-1 所示。

表 7-1　　　　　　　　　　　　　　　　功　能　列　表

功能名称	功能细分	说　　明
地形	局部地形查看	调取查看某一范围内相应测次下的河道地形以及多测次下的地形变化过程
	地形渲染	渲染默认地形，可选择渲染与取消渲染
冲淤变化分析	断面法冲淤量计算	根据上下断面选中区域，计算该区域内相邻断面间泥沙冲淤量，绘制断面间沿程冲淤量关系图或断面间累积冲淤量关系图
	地形法冲淤量计算	根据两测次的地形，基于干流或主要支流上的所框选区域，计算断面间沿程泥沙冲淤量和总冲淤量，并计算河床冲淤面积、冲淤厚度、冲淤速率等

功能名称	功能细分	说　　明
冲淤变化分析	冲淤厚度图演示	根据多测次的地形，基于干流或主要支流上的所框选区域，绘制泥沙冲淤变化分布云图，以不同的颜色来定义不同的冲淤强度，并提供相应的色标图例说明。对于局部重点河段，实现高精度的泥沙冲淤变化的三维动态展示，通过不同测次地形，利用可视化技术动态模拟各个不同时段冲淤的变化情况
	地形法冲淤量与高程关系	根据两测次的地形，基于干流或主要支流上的所框选区域，计算特定高程下泥沙冲淤量，绘制高程冲淤量关系曲线图
	深泓线分析	根据某一测次或多测次，选定上下断面确定范围，查询上下断面范围内所有断面的最低河底高程，绘制深泓线

7.3　功能设计与实现

7.3.1　局部地形查看

1. 功能描述

通过框选需查看的局部河道地形范围，在三维可视化平台中展示该范围对应测次的河道地形以及地形的变化过程。

2. 技术原理

(1)地形获取

由局部范围测次获取数据库中矢量地形数据。

(2)矢量数据处理

裁剪：由选择范围确定边界，生成边界文件，通过边界文件对获取的地形数据进行裁剪；

拼接：将裁剪下的同一带号地形文件进行拼接，使每个带号只有一个矢量文件；

投影：将拼接完成的矢量文件做投影转换处理，保证该文件在三维可视化球面上正常显示。

(3)结果展示

下载服务器处理完的矢量化文件，在三维可视化球面上展示。

3. 输入输出

输入：鼠标范围框选、选择项目、测次选择、是否渲染，如图 7-1 所示；

输出：输出河道地形图、河道地形变化过程图，重新播放河道地形变化过程，如图 7-2 所示。

4. 流程设计

流程设计如图 7-3 所示。

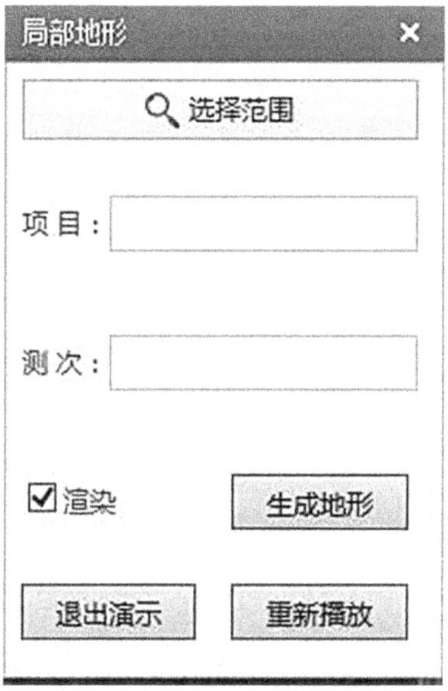

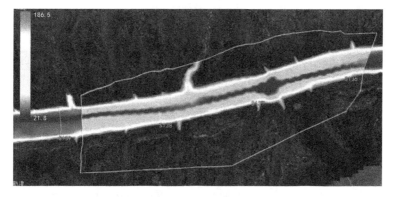

图 7-1 输入界面图

图 7-2 输出结果图

5. 实现设计

①后台通过前台传递的框选局部河道地形范围，查询该范围下的项目、测次、带号；

②前台选择需要查看的项目测次，后台通过项目、测次、带号调取库中相应有效的 DEM 文件并且将调取出的 DEM 解压缩成可用文件；

③后台通过框选范围，裁剪范围内的 DEM 再将裁剪完成的 DEM 进行拼接；

④将拼接后的 DEM 进行投影处理并且保存且返回保存路径；

⑤前台通过返回路径完成对地形文件的下载且通过三维可视化平台进行展示。

6. 界面实现

界面实现如图 7-4 所示。

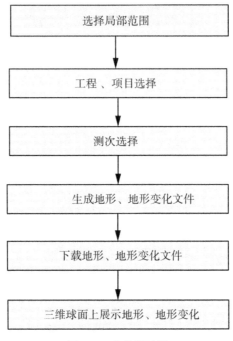

图 7-3 流程设计图

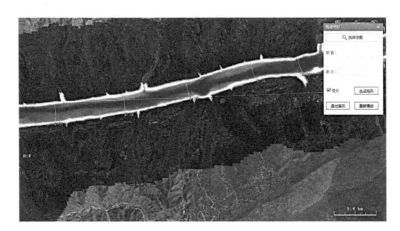

图 7-4 界面实现图

7. 功能结果

生成局部地形图、地形变化过程图并在三维可视化球面上以动画形式展示，功能结果如图 7-5 所示。

7.3.2 地形渲染

1. 功能描述

控制河道地形渲染图是否在球面上显示。

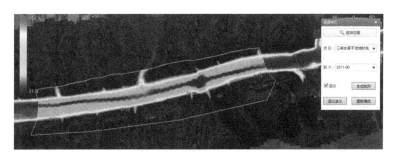

图 7-5　功能结果图

2. 技术原理

地形转栅格工具属于一种插值方法，专门用于创建符合真实地表的数字高程模型（DEM）。该方法基于由 Michael Hutchinson（1988，1989，1996，2000，2011）开发的 ANUDEM 程序。有关 ANUDEM 在整个大陆范围的 DEM 生产的应用，请参阅 Hutchinson and Dowling（1991）以及 ANU Fenner School of Environment and Society and Geoscience Australia（2008）。Hutchinson and Gallant（2000）和 Hutchinson（2008）对 DEM 在环境建模中的应用进行了讨论。Hutchinson，et al.（2009，2011）对 ANUDEM 的后续开发进行了讨论。ArcGIS 中使用的 ANUDEM 的当前版本为 5.3。

在施加约束的同时，地形转栅格会为栅格内插高程值，从而确保：

① 地形结构连续；

② 准确呈现输入等值线数据中的山脊和河流。

因此，它是唯一专门用于智能处理等值线输入的 ArcGIS 插值器。

通过文件实现地形转栅格工具在多次执行地形转栅格工具的情况下非常有用，因为更改参数文件中的单个条目然后重新运行工具通常要比每次都重新填充工具对话框方便。

1）插值过程

插值过程旨在利用常用输入数据类型和高程表面的已知特征。该方法将采用迭代有限差分插值技术。它经过优化，因此具有局部插值方法（例如，反距离权重（IDW）插值）的计算效率，同时又不会牺牲全局插值方法（例如，克里金法和样条函数法）的表面连续性。实际上，该方法属于离散化的薄板样条函数法（Wahba，1990），其粗糙度惩罚系数经过修改，从而使经过拟合后的 DEM 能够还原真实的地形突变，例如河流、山脊和悬崖。

水是决定多数地形大致形状的主要侵蚀力。因此，大部分地形都包含很多山顶（局部最大值）但汇却很少（局部最小值），从而形成一种连续的地形样式。地形转栅格将利用有关表面的这方面知识对插值过程施加约束，从而使地形结构连续并准确呈现山脊和河流。施加的该地形条件约束有助于通过较少的输入数据生成更精确的表面。输入数据的数量所能达到的数量级将小于使用数字化等值线充分描述表面时通常所需的数量级，从而使获得可靠 DEM 的成本进一步降至最低。全局地形条件约束实际上也消除了为移除生成表面中伪汇而进行编辑或后处理的需要。

该程序在移除汇点时表现得比较谨慎，并且在与输入高程数据可能会产生矛盾的位置并不会施加地形条件约束。此类位置通常以汇的形式显示在诊断文件中。通过此信息可校正数据误差，尤其适合处理大型数据集。

（1）地形强化过程

地形强化过程的目的是将输出 DEM 中尚未识别为输入汇要素数据集中汇的所有汇点移除。该程序运行的前提假设是所有未识别的汇都属于错误，因为天然景观中汇较不常见（Goodchild and Mark，1987）。

地形强化算法尝试通过修改 DEM 来清除伪汇，从而利用每个伪汇周围水域内的最低凹谷点推断出地形线。该算法并不会尝试清除通过"汇"功能得到的真实汇。由于汇点的清除受到高程容差的限制，因此尝试清除伪汇时该程序将非常谨慎。也就是说，该程序不会清除由于大于容差 1 的值而与输入高程数据相矛盾的伪汇。

地形强化的功能还可以通过结合河流线数据而得到补充。这在需要更准确地安置河流时十分有用。可通过允许每个像元拥有最多两个的下游方向对河流的支流进行建模。

如果关闭地形强化，则汇点清除过程将被忽略。如果拥有除高程之外其他内容（例如温度）的等值线数据并要为这些数据创建表面，则关闭地形强化十分有用。

（2）等值线数据的使用

最初，使用等值线是存储和表示高程信息的最常见方法。遗憾的是，该方法也最难正确应用于各种常规插值法。其缺点就在于等值线之间的信息欠采样，特别是在地形较低的区域。

插值过程初期，地形转栅格将使用等值线中固有的信息来构建初始的概化地形模型。这是通过标识各等值线上的局部最大曲率点实现的。然后，使用初始的高程格网（Hutchinson，1988）可得到一个与这些点相交的由曲线河流和山脊组成的网络。这些线的位置会随着 DEM 高程的反复更新而更新。该信息可用于确保输出 DEM 具有正确的水文地貌属性，还可用于验证输出 DEM 准确与否。

等值线数据点也可用于在每个像元中内插高程值。所有等值线数据都会被读取并概化。最多从每个像元内的等值线中读取 100 个数据点，并将平均高程值用作与等值线数据相交的每个像元的唯一高程数据点。对于每个 DEM 分辨率来说，每个像元仅使用一个关键点。因此，多条等值线与输出像元交叉的等值线密度是多余的。

确定好表面的大致形态后，等值线数据还将用于为各像元内插高程值。

使用等值线数据内插高程信息时，将读取并概化所有等值线数据。对于每个像元，将从这些等值线中最多读取 50 个数据点。在最终分辨率下，每个像元仅使用一个关键点。因此，多条等值线与输出像元交叉的等值线密度是多余的。

（3）湖泊数据的使用

早期版本的地形转栅格中的湖泊面是用于将每个湖泊表面的高程设置为与湖泊紧邻的所有 DEM 值的最小高程的简单掩膜。湖边界算法已升级为能够自动确定与相连河流线和相邻高程值完全兼容的湖泊高度。

经修订后的湖边界方法也将每个湖边界视为具有未知高程的等值线，并会根据湖边界上的像元值以迭代方式估算该等值线的高程。同时会将每个湖边界的高程调整为与任意上游和下游湖泊的高程保持一致。每个湖边界高程还会调整为与相邻的 DEM 值保持一致。

这样会使湖泊外的像元值位于湖边界的高程之上，而使湖泊内的像元值位于湖边界的高程之下。

允许湖边界在湖内包括岛以及在岛内包括湖。正如湖边界面所确定，湖泊内的所有DEM 值都会设置为湖边界上的 DEM 的估算高度。

（4）悬崖数据的使用

悬崖线允许数据悬崖线每侧的相邻像元值之间的连续中出现完全中断，正如将其编码到输出栅格中那样。悬崖线必须以有向直线形式提供，每条悬崖线的低侧位于左侧，高侧位于右侧。这样就可以移除位于悬崖错误侧的高程数据点（正如将其编码到栅格中那样），并且更好地相对于流线放置悬崖。

已经发现，在河流和悬崖上施加的微小位置偏移（将河流和悬崖包括在栅格中时）会导致这些数据之间发生伪相交，因此开发了一种自动化方法，可在放置河流和悬崖线时进行微小调整，从而最大限度地减少这种伪相交。

（5）海岸线数据的使用

位于该面要素类所指定面以外的最终输出 DEM 中的像元会被设置为在内部确定的特殊值，该值小于用户所指定的最小高度限制。由此产生的结果为：可将一个完整的沿海面用作输入并将该面自动裁剪为处理范围。

（6）多分辨率插值

该程序使用的是多分辨率插值方法，分辨率范围可从粗略栅格采用的分辨率到用户指定的精细分辨率。在每种分辨率下，将强制施加地形条件约束并执行插值，而剩余汇点的数量将记录在输出诊断文件中。

2）处理河流数据

地形转栅格工具要求河流网络数据中的所有弧线均指向下坡方向，并且网络中没有面（湖泊）。

河流数据应由树枝状的各条独立弧线组成，其中任意的平行河岸、湖泊面等都将通过交互式编辑进行清理。编辑网络之外的湖泊面时，应从蓄水区域的起始到末端放置单一弧线。如果已知或存在一个历史河床的轨迹，则该弧线应沿着此轨迹。如果已知湖泊的高程，则湖泊面及其高程可作为"等值线"输入数据。

要显示线各个部分的方向，可将符号系统更改为"终点处显示箭头"选项。这样，将使用显示线方向的箭头符号绘制线的各个部分。

3）创建和镶嵌相邻栅格

有时需要根据输入数据的相邻切片创建 DEM。如果输入要素从地图图幅系列中获得，或者由于内存限制而必须将输入数据分成若干部分进行处理，通常会发生这种情况。

插值过程使用周围区域中的输入数据来定义表面的形态和地形，然后内插输出值。但是，任一输出 DEM 边缘处的像元值都没有中心区域的值可靠，因为它们只能根据一半的信息进行插值。

因此要使对感兴趣区域边缘处的预测最准确，输入数据集的范围应大于感兴趣区域。像元间距参数提供了一种根据用户指定的距离修剪输出 DEM 边缘的方法。重叠区域的边缘至少应为 20 个像元宽。

如果要将多个输出 DEM 合并为单个栅格，输入数据应与相邻区域存在部分重叠。如果不存在重叠，合并后 DEM 的边缘可能会不平滑。多次内插中每次内插的输入数据集范围应比进行一次内插仅得到一个插值时的区域大，这样才能确保尽可能准确地预测边缘。

创建多个 DEM 后，最好使用镶嵌地理处理工具的"混合"选项或"平均值"选项将它们合并。该功能提供的选项可对重叠区域进行处理，从而使数据集之间实现平滑过渡。

3. 输入输出

输入项：河道地形 DEM 数据；

输出项：河道地形渲染图。

4. 流程设计

首先利用地形转栅格工具把地形数据转换成球面可识别的栅格数据；其次根据地形数据的带数为转换好的栅格数据添加对应的 Beijing 1954 参考系；再把栅格数据的 Beijing 1954 参考系转成 WGS-1984 参考系；然后在 ArcGIS 中对栅格数据进行合适的渲染并导出；最后把导出的数据在服务器上以服务的形式发布出来形成渲染图。流程设计如图 7-6 所示。

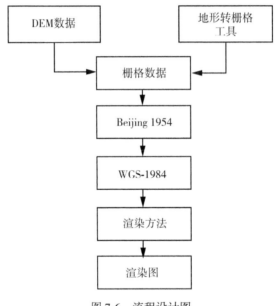

图 7-6　流程设计图

5. 实现设计

实现设计相关代码如下：

DEMConverter.exe//把地形 DEM 数据转换成球面可识别的栅格数据。

DefineProjectionBatch.py//基于 ArcGIS 开发的 ArcGIS 工具；功能是为栅格数据赋参考系。

RasterDivisionBatch.py//基于 ArcGIS 开发的 ArcGIS 工具；功能是缩放栅格数据的值。

ProjectRasterBatch.py//基于 ArcGIS 开发的 ArcGIS 工具;功能是为栅格数据赋参考系。

6. 界面实现和功能结果

选择是否渲染基础河道地形,点击左侧导航"地形渲染"按钮(按钮默认选中),选中则渲染河道地形,未选中则取消渲染。界面实现和功能结果如图 7-7 所示。

图 7-7 界面实现和功能结果

7.3.3 断面法冲淤量计算

1. 功能描述

基于干流或主要支流上所选择的断面区域,根据两不同测次,计算该范围的冲淤量、断面间冲淤量、断面间累积冲淤量、断面间平均冲淤速率等。

2. 技术原理

冲淤量计算提供调用数据库中的固定断面数据计算河段泥沙冲淤量的功能。

计算方法如下:

根据某水位(高程)下同一河段两测次的槽蓄量 V_1、V_2 计算河段冲淤量 ΔV。计算公式:

$$\Delta V = V_1 - V_2$$

当 $\Delta V > 0$ 时为淤积,$\Delta V = 0$ 时基本冲淤平衡,$\Delta V < 0$ 时为冲刷。

计算时,冲淤量计算提供窗口选择起止断面名称(编码)、计算时段和计算水位。系统考虑了水面比降因素,通过断面测次提取测时水位。如果上断面计算高程和下断面计算高程输入值相等,表示忽略比降,计算值为不带比降的冲淤量。

计算断面间累积冲淤量时,由离坝址最近断面开始累积统计。

3. 输入输出

输入:选择项目、河流、测次、上断面、下断面、水位;

输出:断面间冲淤量关系图、断面间平均冲淤速率关系图、总冲淤量、断面间累积冲淤量如图 7-8 所示。

155

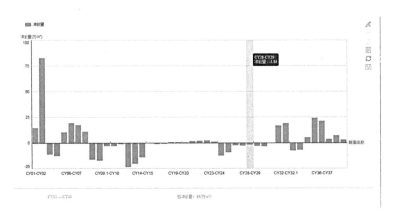

图 7-8　结果输出图

4. 流程设计

流程设计如图 7-9 所示。

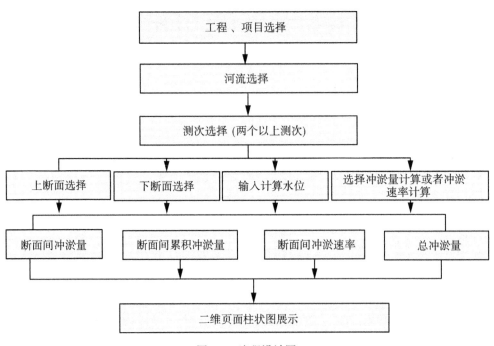

图 7-9　流程设计图

5. 实现设计

①后台通过前台传递项目、河流、上断面、下断面范围，查询该范围下的所有断面，并按照距坝里程进行由近到远的顺序排列；

②根据断面 ID 获取每一个断面信息；

③根据断面信息计算断面面积；

④根据两两相邻断面面积、距坝里程，计算水位和断面间库容；

⑤将不同测次库容相减，得到断面间冲淤量、断面间累积冲淤量、冲淤速率，并将结果返回前台；

⑥前台将获取的结果在二维中以柱状图形式显示，断面间累积冲淤量以二维关系线形式显示。

6. 功能结果

冲淤量沿程分布结果如图 7-10 所示。

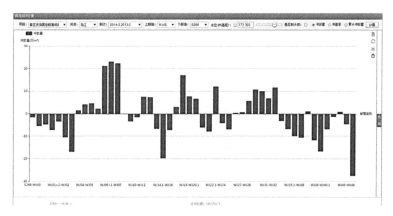

图 7-10　冲淤量沿程分布结果图

累积冲淤量结果如图 7-11 所示。

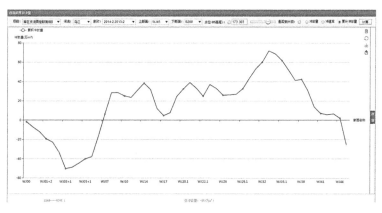

图 7-11　累积冲淤量结果图

7.3.4　地形法冲淤量计算

1. 功能描述

基于干流或主要支流上的所框选区域，根据两测次的地形，计算该范围的冲淤量、断面间冲淤量、断面间平均冲淤速率等。

2. 技术原理

在指定河段不同时段（至少有间隔的两个时间点）河道的地形图上，圈定计算冲淤量的范围，然后系统调取不同时段河段的 DEM 模型。

①通过所圈定范围获取所包含断面；

②分别计算每两个断面间所围 DEM 库容并相减；

③计算断面间冲淤量；

④绘制断面间库容沿程柱状分布图，计算总库容。

3. 输入输出

输入：选择范围、项目、测次、水位，如图 7-12 所示；

图 7-12　输入界面图

输出：断面间冲淤量关系图、总冲淤量如图 7-13 所示。

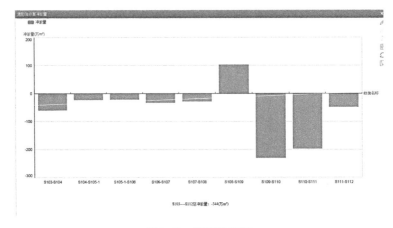

图 7-13　结果输出图

4. 流程设计

流程设计如图 7-14 所示。

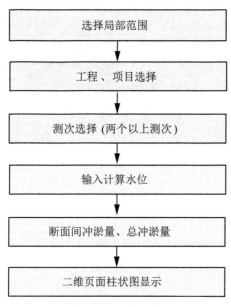

图 7-14　流程设计图

5. 实现设计

①后台通过前台传递的框选局部河道地形范围，查询该范围下的项目、测次、带号以及所围断面；

②前台选择需要查看的项目测次（两个以上测次），后台通过项目、测次、带号分别调取库中相应测次的有效 DEM 文件并且将调取出的 DEM 文件解压缩成可用文件；

③后台通过框选范围分别裁剪不同测次在该范围内的 DEM，再将裁剪完成的 DEM 进行拼接；

④将拼接完成的 DEM 由断面分成多个断面间区块；

⑤计算出断面间冲淤量，并返回前台；

⑥将获取的结果在二维中以柱状图形式展示。

6. 界面实现

界面实现如图 7-15 所示。

7. 功能结果

功能结果输出如图 7-16 所示。

7.3.5　冲淤厚度图演示

1. 功能描述

根据多测次的地形，基于干流或主要支流上的所框选区域，绘制泥沙冲淤变化分布云图，以不同的颜色来定义不同的冲淤强度，并提供相应的色标图例说明。对于局部重点河

图 7-15　界面实现图

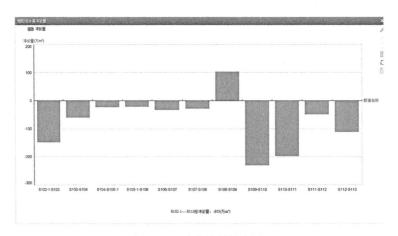

图 7-16　功能结果输出图

段，实现高精度的泥沙冲淤变化的三维动态展示，通过不同测次地形，利用可视化技术动态模拟各个不同时段冲淤的变化情况。

2. 技术原理

在指定河段不同时段(至少有间隔的两个时间点)河道的地形图上，圈定计算冲淤量的范围，然后系统调取不同时段的河段 DEM 模型，将所得到的两个模型相减，一般用当前河道对应的 DEM 减以前河道 DEM，然后用对应格网数据计算，当格网值>0 时为淤，<0 时为冲，最终的结果为网格数值文件，根据获取数值对网格文件进行渲染，以不同的颜色来定义不同的冲淤厚度，反映冲淤厚度平面分布情况，并提供相应的色标图例说明。

3. 输入输出

输入：选择范围、项目、测次、坝前水位、分级、容差，如图 7-17 所示；

图 7-17 输入界面图

输出：冲淤厚度变化过程图、冲淤量如图 7-18 所示。

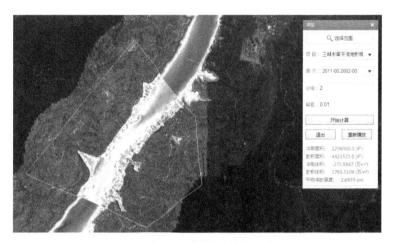

图 7-18 输出结果图

4. 流程设计

流程设计如图 7-19 所示。

5. 实现设计

①后台通过前台传递的框选局部河道地形范围，查询该范围下的项目、测次、带号；

②前台选择需要查看的项目测次（两个以上测次）、输入水位；后台通过项目、测次、带号分别调取库中相应测次的有效 DEM 文件并且将调取出的 DEM 解压缩成可用文件；

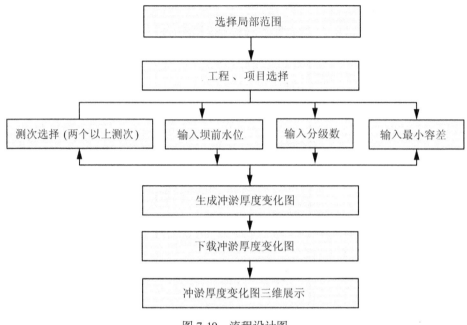

图 7-19　流程设计图

③后台通过框选范围分别裁剪不同测次在该范围内的 DEM 再将裁剪完成的 DEM 进行拼接；

④将拼接后的 DEM 进行相减，得到冲淤的 DEM 文件，将得到的冲淤 DEM 文件进行差值计算，得到多个差值后的 DEM；

⑤将多个 DEM 进行投影处理并且保存且返回保存路径，返回前台；

⑥前台通过返回路径完成对地形文件的下载，根据分级和容差确定图例，最后通过三维可视化平台进行展示多个文件的变化过程。

6. 界面实现

界面实现如图 7-20 所示。

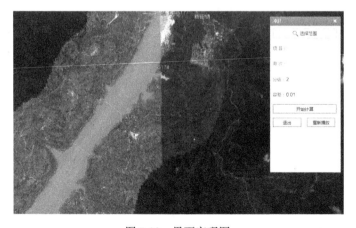

图 7-20　界面实现图

7. 功能结果

功能结果输出如图 7-21 所示。

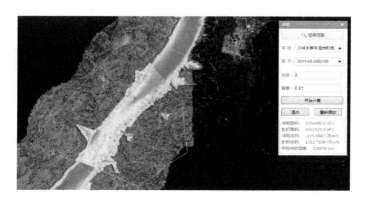

图 7-21 功能结果输出图

7.3.6 冲淤高程关系

1. 功能描述

根据两测次的地形，基于干流或主要支流上的所框选区域，计算特定高程下泥沙冲淤量，并绘制高程与冲淤量关系曲线。

2. 技术原理

冲淤量-高程曲线图根据分级高程下冲淤量计算成果绘制冲淤量-分级高程曲线，直观显示冲淤量与分级高程的关系。采用数字高程模型法计算时需要在河道地形图上圈定一个河段范围，然后弹出一个对话框选择计算参数，设置计算的起始和终止年份。选定范围所使用的边界即为计算的边界，将两个测次的 DEM 分别作为计算的底面，然后将指定的计算高程对应的高程点连成一个曲面作为顶面，分别计算两个测次的高程面下的库容，相减得到该高程下河段的冲淤量。根据各分级高程下计算出来的冲淤量，绘制成曲线。

3. 输入输出

输入：选择范围、项目、测次、水位，如图 7-22 所示；

图 7-22 输入界面图

输出：冲淤量高程关系曲线图、总冲淤量如图 7-23 所示。

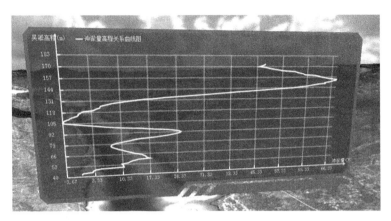

图 7-23　结果输出图

4. 流程设计

流程设计如图 7-24 所示。

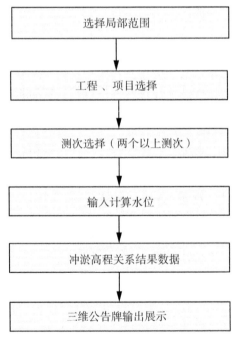

图 7-24　流程设计图

5. 实现设计

①后台通过前台传递的框选局部河道地形范围，查询该范围下的项目、测次、带号；

②前台选择需要查看的项目测次(两个以上测次),后台通过项目、测次、带号分别调取库中相应测次的有效 DEM 文件并且将调取出的 DEM 解压缩成可用文件;

③后台通过框选范围分别裁剪不同测次在该范围内的 DEM 再将裁剪完成的 DEM 进行拼接;

④获取拼接完成的 DEM 的最大最小高程值;

⑤计算出最小高程值到最大高程值下每一个高程级下的冲淤量,最后将结果返回到前台页面;

⑥将获取的结果以公告牌形式展示在三维可视化球体上。

6. 界面实现

界面实现如图 7-25 所示。

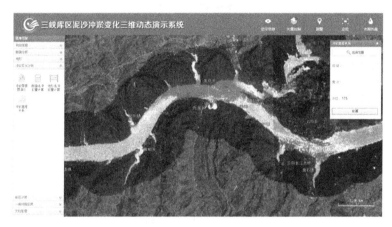

图 7-25　界面实现图

7. 功能结果

功能结果输出如图 7-26 所示。

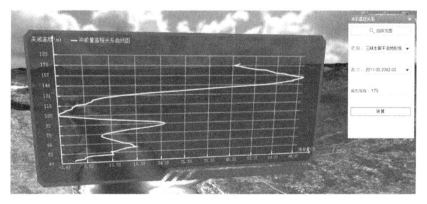

图 7-26　功能结果输出图

7.3.7　深泓线分析

1. 功能描述

根据所有断面最低点，绘制深泓线，并将不同测次深泓线进行套绘。

2. 技术原理

深泓线曲线图根据不同测次下各干流或支流断面最低河底高程绘制深泓线，直观显示河床最低高程关系。

3. 输入输出

输入：选择项目、河流、测次、上下断面；

输出：深泓线图、深泓线套绘图，输出结果如图 7-27 所示。

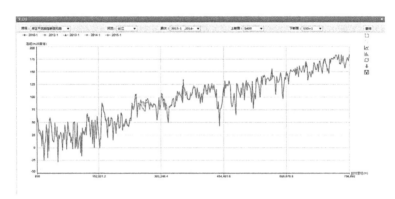

图 7-27　结果输出图

4. 流程设计

流程设计如图 7-28 所示。

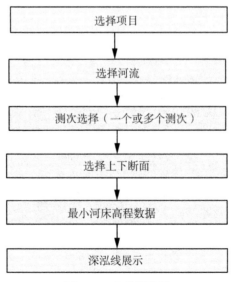

图 7-28　流程设计图

5. 实现设计

①后台通过前台传递项目、河流、测次，查询该测次下的所有断面，并按照距坝里程进行由近到远的顺序排列；

②根据断面 ID 获取每一个断面信息；

③根据断面信息获取断面最小河床高程；

④获取到所有断面最小高程并返回前台，以曲线图形式展示。

6. 功能结果

功能结果输出如图 7-29 所示。

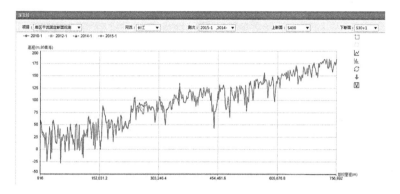

图 7-29　功能结果输出图

第8章　实测地形库容计算与
动态演示模块设计及实现

8.1　概　　述

实测地形的库容计算与动态演示子系统用于完成三维空间下，基于干流或主要支流的实测地形的库容计算结果的展示。库容计算的算法为移植的已有的 C++算法，通过 JNI 提供接口以便服务端的 Java 程序调用，然后完成执行客户端请求需要完成的计算过程，并将结果返回到客户端，客户端的二维和三维渲染模块为用户可视化地展现计算结果。

计算过程中所需的水文泥沙相关数据存储在 Oracle 11g 数据库中，服务端通过数据库访问接口获取所需数据，经过必要的处理后返回到客户端的 Gaea Explorer 模块，该模块根据需求对服务端返回的数据进行计算、插值，然后调用三维场景渲染模块，动态、连续地为用户展现相关水位、库容变化的过程。

8.2　功　能　列　表

实测地形的库容计算与动态演示子系统功能如表 8-1 所示。

表 8-1　　　　　　　　　　　　功　能　列　表

功能名称	功能细分	说　　明
水位实时动态变化演示	水位实时动态变化演示	对数据库中的整编水位日表数据或实时水位数据按一定的时间周期(缺省周期为数据库中水位数据最新的两个月，用户可自定义的时间周期)进行三维场景下的动态仿真
断面法库容计算	断面法库容计算	对于任意指定干流或支流上的连续断面所围区间，计算任意高程水位下断面间库容沿程分布与该区间总库容
地形法库容计算	地形法库容计算	根据实测地形，基于所框选区域，计算该区域内某一高程下相邻连续断面间库容，绘制断面间库容沿程分布图

功能名称	功能细分	说　明
成果库库容计算	静库容成果分析	在干流主要节点区间，计算相应时间某一高程下区间节点间静库容，并绘制库容高程关系曲线图
	库容高程曲线	根据实测地形，基于所框选区域，计算该区域内某一高程级下的库容，并绘制库容高程关系曲线图
	实时库容分析	在干流主要水文、水位站区间，计算任意时间点水面线下实时库容，水面线以干流各水文站、水位站某一日的水位（实时水位以当期为准）为依据（统一到85高程）。绘制实时库容变化分析曲线图
	初步设计成果库容对比曲线	查询相应时间下的成果库总库容、干流库容与初步设计成果库容等。绘制成果库总库容、干流库容、初步设计成果库容对比曲线图

8.3　功能设计与实现

8.3.1　水位实时动态变化演示

1. 功能描述

对数据库中的整编水位日表数据或实时水位数据按一定的时间周期（缺省周期为数据库中水位数据最新的两个月，用户可自定义的时间周期）进行三维场景下的动态仿真。

2. 技术原理

1）数据处理

将断面数据和从数据库中查找到的水位数据整合，转换成可视化子系统方便检索的流场数据。

2）基于 LOD 的分段建模

受计算机硬件性能的限制，大范围流域内的仿真一般不得不采用 LOD、拼接等技术手段。LOD 技术主要根据物体模型的节点在显示环境中所处的位置和重要度，决定物体渲染的资源分配，降低非重要物体的面数和细节度，从而获得高效率。参照 LOD 技术原理，根据实际建模要求进行河流分段，由欧氏距离决定子段的建模状态，以此为基础进一步构建水面模型。

（1）河流分段

为提高渲染效率，本章基于 LOD 思想，考虑将河流动态分段渲染，建模时视域之外的河段将被剔除，只对视域范围内的河段进行建模。动态分段的基本思想是将实验区河流平均分成若干子段，每个子段为一个独立的渲染单元，根据各单元到观察点的欧氏距离确定各自的建模状态。主要步骤如下：

　　① 将研究区河流按长度(L) 平均划分为 n 个子段，每个子段长度 $l = L/n$；

　　② 设置各子段中心断面的中心点 P_i 为特征点，并将其存储在内存检索表 Table 中；

　　③ 实时获取摄像机的三维坐标 E，计算特征点 P_i 到 E 的欧氏距离 d_i；

　　④ 设定距离阈值 d，当 $d_i < d$ 时，确定子段建模。

（2）无缝拼接

因水流流速差异，河流分段后各子段的纹理偏移速度不同，子段之间的同一断面可能出现裂缝或纹理衔接不自然的现象，因此，需要实现子段之间的无缝拼接。

为解决河段衔接处的裂缝问题，可在河流分段过程中，在每一个子段末尾新增加一个断面，填补裂缝，如图 8-1 所示，子段 I 和子段 II 在衔接的断面 C 处产生裂缝 CC'（C 和 C' 分别代表 I、II 子段上河流的同一断面），故在 II 子段合适位置添加新断面 D，移动 CD 段纹理即可填补裂缝 CC'。通过这种方法，可以有效地解决裂缝问题，但可能造成局部纹理重叠，如图中 $C'D$ 段。为使纹理衔接自然，需进一步处理 CD 河段的纹理，主要采用透明度渐变的方式。例如，将 C 断面的顶点透明度设为"1"，D 断面的顶点透明度设为"0"，实现 C 到 D 逐渐透明的效果。这样，CD 段河流与下游子段 $C'D$ 融合，实现自然过渡。

（3）水面建模

自然状态下水流流场的分布具有一定的随机性，为了简化水面建模的复杂性，这里将流场简化为流速中间大边缘小的模式。常规的水面建模方式是均分河流断面获取顶点数据并构建三角网，如水面建模示意图 8-1 所示，点 A_1、B_1 分别为断面 A、B 上的顶点，每个顶点包含了坐标、水流流速、流向、顶点纹理坐标、颜色、透明度等信息。但是，同一断面不同位置的水流流速不同，将会导致邻接三角形所贴纹理的偏移速度不同。为解决这一问题，可构建多层次河面模型，即在三角网基础模型之上，依赖顶点透明度变化表现逼真的过渡效果。其实现过程是分别构建横向、纵向缓冲区，并对应调整横纵向透明度。以调整顶点纵向透明度为例，如图 8-1 所示，A_1、B_1 透明度设为"1"，在 A_1B_1 边两侧建立纵向缓冲区 $a_1a_2b_2b_1$，并将 a_1、a_2、b_1、b_2 各点透明度设为"0"，则沿 A_1B_1 方向水体透明度逐渐增大，实现自然过渡。

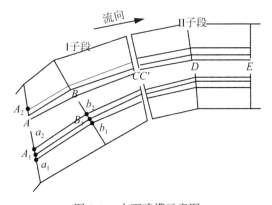

图 8-1　水面建模示意图

3）河面渲染

（1）动态纹理映射

在仿真技术中，纹理映射（Texture Mapping）技术应用较为广泛，采用纹理映射能方便地制作出极具真实感的图形。如果想要把一张二维纹理图贴到三维（3D）空间中的一个平面上，需要找出 3D 空间中的点在纹理图的纹理空间中对应的位置。通常我们将纹理空间表示成 $u-v$ 坐标系，其中，u 表示纹理的宽，v 表示纹理的高。如图 8-2 所示，E 点为观察点，实际三维空间中的像素 P 映射到了纹理空间中的像素 Q（公式 8-1），最后将 P、Q 投影到屏幕空间。公式如下：

$$P(x, y, z) \rightarrow Q(u, v) \tag{8-1}$$

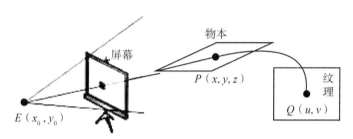

图 8-2　纹理映射图

这种二维纹理映射方式展现的三维空间是静态的，尚不能体现河流的流动性，因而需要采用动态纹理技术。动态纹理是指描述某种动态景观的具有时间相关重复特征的图像序列。实现动态纹理的效果实质上利用了人眼的视觉驻留性质，既可以通过纹理图像的连续切换达到动态效果（切换时间小于 1/24 秒），也可以采用纹理移动的方式，如每一帧改变纹理坐标。本章采用纹理移动的方式，在不同时刻赋予水面模型不同的纹理状态，以达到河面的水流流动效果。如公式（8-2）所示，在二维纹理映射过程中加入时间因素，按时间不断更改纹理坐标。渲染时以每一帧时间差积累值为自变量，纹理坐标 (u, v) 为因变量，每帧都对纹理坐标进行一个偏移操作，当这种偏移连续时，就能展现水面的流动效果。

$$P(x, y, z) \rightarrow Q(u, v, t) \tag{8-2}$$

（2）多重纹理

由于三峡大坝的截流作用，三峡大坝附近的流速减小甚至停滞。为了仿真这一段区域的现象需要借助多重纹理技术。多重纹理是指在模型表面相应的位置映射两个或两个以上的纹理图像，这些纹理图像通过一定的融合方式进行混合，达到逼真的效果。在研究区域内，首先选定发生流速渐变的起点距（所处点到三峡大坝的距离）Distance0；然后贴制两张纹理图像，分别表现河流的流动和静止状态。其中，河流流动状态的纹理图像贴在上层，并根据所处顶点的起点距 Distance 为纹理图像赋予透明度，其透明度的值为 1－Distance/Distance0；河流静止状态的纹理图像则贴在下层，展现静态的河流效果。两张纹理贴图融合起来即可在截流处实现河流的渐变静止状态。

3. 输入输出

数据：长江干流断面数据、数据库整编水位日表数据或实时水位数据；

输入项：起始时间、结束时间；

输出项：长江干流的三维河道水面模拟。

4. 流程设计

数据处理流程如图 8-3 所示：

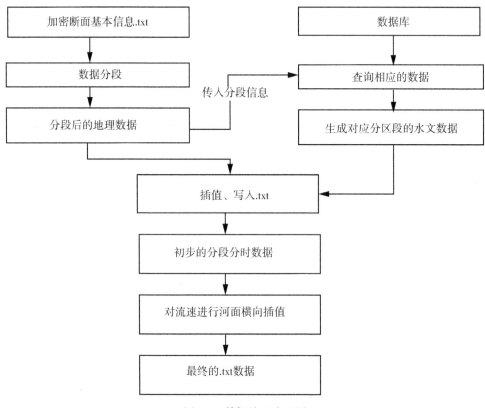

图 8-3　数据处理流程图

5. 实现设计

实现设计相关代码如下：

```
StructRiverSection//水文断面数据的数据结构
{
    int ID //断面的 ID 号
    int QDJ；//断面的起点距
    double latLeft；//断面左岸点纬度
    double lonLeft；//断面左岸点经度
    double latRight；//断面右岸点纬度
    double lonRight；//断面右岸点经度
```

```
    float[] waterLevels;//断面不同时刻的水位
    float[] velocitys; //断面不同时刻的流速
}。
classRiverRendererWaterSimulation: RenderableObject
{
    Update(Gaea.DrawArgsdrawArgs)//更新
    Dispose()//删除并释放
    Render(Gaea.DrawArgsdrawArgs)//实时渲染
    Interploate()//河面动态插值
    CreateRiver_BuffersCover(…)//创建河面
}
```

6. 界面实现

点击系统界面上的【水面仿真】按钮，在【起始时间】和【结束时间】显示框中分别输入起始时间和结束时间，再点击【加载水】按钮，系统会到数据库中查到对应时间段的水位数据，在球面上动态地模拟仿真出来；同时【加载水】按钮会变成【删除水】按钮。点击【删除水】按钮，系统会把加载到球面的模拟仿真水面移除，同时把【删除水】按钮变成【加载水】按钮。在加载了模拟仿真水面以后点击【动画播放】按钮，模拟仿真水面的水位会根据从数据库中查到的水位数据从起始时间到结束时间循环变化。界面实现如图 8-4 所示。

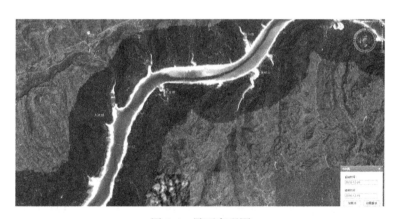

图 8-4　界面实现图

7. 功能结果

图 8-5 所示是起始时间是 2010-12-09，结束时间是 2010-12-19 加载的模拟仿真水面示意图。

8. 小结

河流流场三维可视化是"数字流域"研究的一个重要方向，在科学计算和工程分析中占据着非常重要的地位。三维可视化技术不仅可以用于描述河流流场运动现象特征，检验数据的真实性，发现和提出有用的数据异常，还可以提高决策者的预见性，能够对未来的

图 8-5　模拟仿真水面示意图

河流运动做出正确的判断。

8.3.2　断面法库容计算

1. 功能描述

对于任意指定干流或支流上的连续断面所围区间,计算任意高程水位下断面间库容沿程分布与该区间总库容。

2. 技术原理

根据某水面线下沿程断面面积(A_i、A_j)、断面间距(L_{ij})计算两断面间槽蓄量 ΔV_i,各断面间槽蓄量之和即为河段槽蓄量 V($10^4 \mathrm{m}^3$)。

计算过程见公式(8-3)、(8-4)、(8-5)。

梯形公式:$\Delta V_i = (A_i + A_j) \times L_{ij} /2/10000$　　　　　　　　　　(8-3)

采用截锥公式:$\Delta V_i = (A_i + A_j + \sqrt{A_i \cdot A_j}) \times L_{ij}/3/10000$　　　　　　(8-4)

注:截锥公式当 $A_i > A_j$ 且 $(A_i - A_j)/A_i > 0.40$ 时使用。

$$V = \sum \Delta V_i \tag{8-5}$$

提供一个对话框接收用户交互的参数,初始化时查询数据库,列出所有的断面名称及其编码(至少两个断面)、断面测次(年,月,日),用一个下拉列表框列出供计算者选择,然后根据选择的目标断面到库中提取两断面距始测点的间距,相减取绝对值得到断面间距 ΔL, 然后调用前面的断面面积计算函数计算面积,最后使用上面的公式计算。计算时用户在操作界面上交互选择河段或起始断面名称(编码)、测次和计算水位。系统考虑了水面比降因素,通过提供用户输入上断面计算高程和下断面计算高程的接口,用户可以根据不同河段或断面的比降情况输入计算参数。如果上断面计算高程和下断面计算高程输入值相等,表示忽略比降,计算的为静库容(槽蓄量);如果上断面计算高程和下断面计算高程输入值不相等,表示要考虑比降因素,系统自动把输入的高程平均分摊到计算的沿程断面上,计算结果为带比降的槽蓄量。

3. 输入输出

输入：选择项目、河流、测次、上断面、下断面、水位；

输出：断面间库容关系图、总库容如图 8-6 所示。

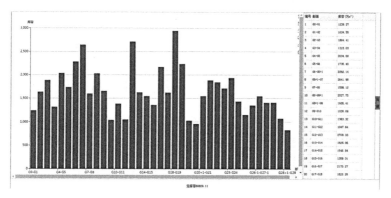

图 8-6　结果输出图

4. 流程设计

流程设计如图 8-7 所示。

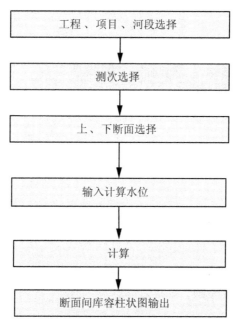

图 8-7　流程设计图

5. 实现设计

①查询数据库中所有工程项目，并给项目设置默认值；

②根据工程项目查询该项目下的所有河流，并给河流设置默认值；

③根据河流查询该河流下所有测次并给测次赋值；

④根据测次查询该测次下所有断面，并赋值给上断面；

⑤根据上断面确定下断面，并赋值给下断面；

⑥如果使用输入水位计算库容则在计算时不需要查询测次下第一个断面水位，如果计算水位未选中则使用该测次下第一个断面水位参与计算库容；

⑦根据上下断面查询该断面区间内包含的所有该测次下的断面，并且根据距坝里程排列；

⑧根据断面编码查询断面信息（XSINFO 表）；

⑨根据断面信息计算所有断面面积；

⑩根据计算水位、断面面积与距坝里程，计算所有相邻两断面间的库容；

⑪将所有相邻断面库容求和得到上下断面区间的总库容；

⑫断面间的库容在二维页面中以柱状图形式展示。

6. 界面实现和功能结果

界面实现和功能结果如图 8-8 所示。

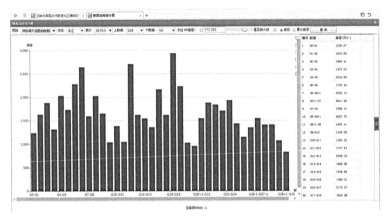

图 8-8　界面实现和功能结果图

8.3.3　地形法库容计算

1. 功能描述

根据实测地形，基于所框选区域，计算该区域内某一高程下的相邻连续断面间库容，绘制断面间库容沿程柱状分布图，计算总库容。

2. 技术原理

①通过局部范围获取 DEM 数据和所围断面；

②计算每两个断面间所围 DEM 库容；

③绘制断面间库容沿程柱状分布图，计算总库容。

3. 输入输出

输入：鼠标范围框选，选择项目、测次、水位，如图 8-9 所示；

输出：断面间库容、关系图、总库容，如图 8-10 所示。

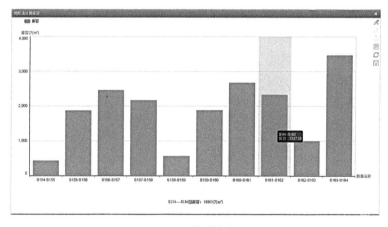

图 8-9　输入界面图

图 8-10　结果输出图

4. 流程设计

流程设计如图 8-11 所示。

5. 实现设计

①后台通过前台传递的框选局部河道地形范围，查询该范围下的项目、测次、带号；

②前台选择需要查看的项目测次，后台通过项目、测次、水位传入后台；

③后台通过框选范围获取该范围下的所有断面，并按照距坝里程进行由近到远的顺序排列；

④将两两断面组成新的多边形范围，该多边形与选择地形多边形进行相交，取相交后的多边形；

⑤根据相交后的多边形范围获取该范围下的 DEM 文件；

177

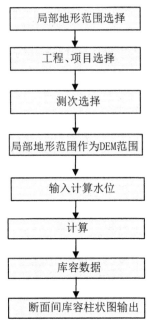

图 8-11　流程设计图

⑥将 DEM 文件解压缩、裁剪、拼接；

⑦得到用于计算库容的 DEM；

⑧计算 DEM 数据的库容，并返回前台，将结果在二维页面中以柱状图形式展示。

6. 界面实现

界面实现如图 8-12 所示。

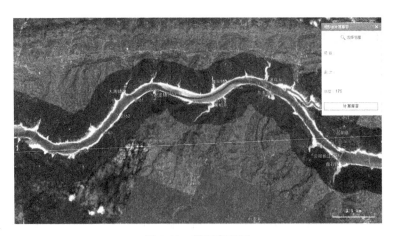

图 8-12　界面实现图

7. 功能结果

功能结果输出如图 8-13 所示。

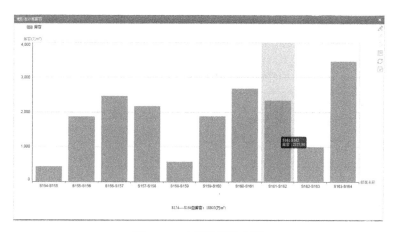

图 8-13　功能结果输出图

8.3.4　静库容成果分析

1. 功能描述

根据时间，基于上下节点所选定区域，计算该区域内某一高程下的库容，并根据距坝里程与高程绘制库容与高程关系图。

2. 技术原理

①根据上下节点查询节点范围内所有节点；

②根据时间和水位查询上下节点对应库容；

③将范围内的节点对应数据绘制成库容、高程与距坝里程关系图表；

④可选择绘制库容与高程关系图。

3. 输入输出

输入：时间、上节点、下节点、坝前水位、库容类型；

输出：河底高程曲线、查询水位曲线、上下节点距坝里程、总库容、水面面积，可选择输出库容与高程关系图，如图 8-14 所示。

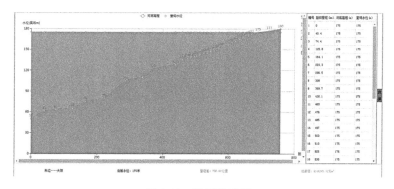

图 8-14　结果输出图

4. 流程设计

流程设计如图 8-15 所示。

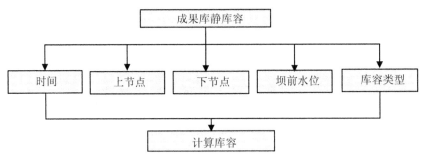

图 8-15　流程设计图

5. 实现设计

①查询数据库所有节点，根据距坝里程按由远到近的顺序排列，并设置上节点下拉框以及上节点默认值；

②通过上节点值，设置下节点下拉框值；

③设置计算时间；

④设置计算库容类型；

⑤通过上下节点以及时间、水位、库容类型，计算该段区间的库容、水面面积；

⑥根据节点绘制距坝里程与河床高程、库容关系曲线图；

⑦选择库容高程关系曲线标签页时，显示库容高程关系曲线。

6. 界面实现和功能结果

界面实现和功能输出结果如图 8-16、图 8-17 所示。

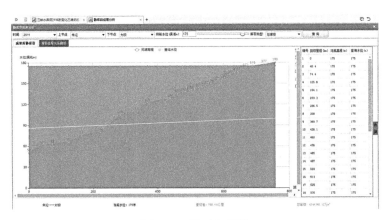

图 8-16　界面实现图

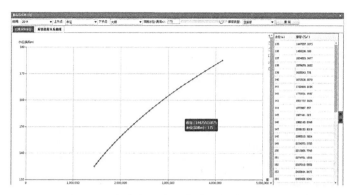

图 8-17 库容高程关系曲线功能输出结果图

8.3.5 库容高程曲线

1. 功能描述

在干流主河道任意框选范围内，根据范围、测次获取范围内 DEM 计算并计算特定高程级下的库容，绘制库容高程关系曲线图，通过三维公告牌展示。

2. 技术原理

在指定河段圈定计算库容的范围，然后系统根据测次获取 DEM，并将 DEM 用于计算，得到库容，将结果返回输出至三维公告牌。

①通过局部范围获取 DEM 数据；

②计算每一个 DEM 网格库容；

③将所有网格库容相加得到区间范围库容。

3. 输入输出

输入：选择范围、项目、测次、高程，如图 8-18 所示；

图 8-18 输入界面图

输出：库容沿程曲线图，结果输出如图 8-19 所示。

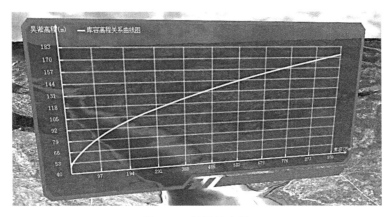

图 8-19　结果输出图

4. 流程设计

流程设计如图 8-20 所示。

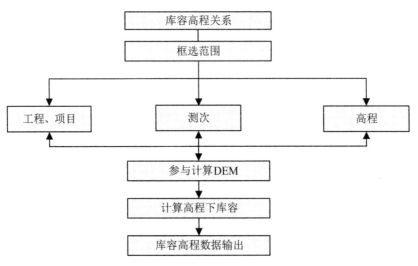

图 8-20　流程设计图

5. 实现设计

①框选指定河道计算范围；

②确定工程项目、计算测次；

③水位值(默认值为 175)；

④通过项目、测次获取参与计算 DEM，计算指定高程级库容；

⑤根据计算结果，绘制库容高程关系图。

6. 界面实现

界面实现如图 8-21 所示。

图 8-21　界面实现图

7. 功能结果

功能结果输出如图 8-22 所示。

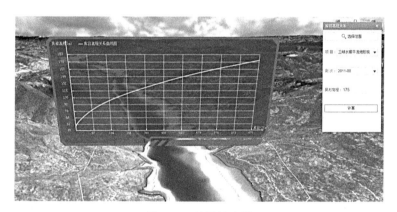

图 8-22　结果输出图

8.3.6　实时库容分析

1. 功能描述

在干流主要水文、水位站区间,计算任意时间点水面线下实时库容,水面线以干流各水文站、水位站某一日的水位(实时水位以当期为准)为依据(统一到 85 高程)。绘制实时库容变化分析曲线图。

2. 技术原理

①根据时间查询站点的实时水位、坝前水位;

②根据实时水位利用差值法计算水面线下实时总库容;

③根据坝前水位利用差值法计算静库容；

④库容差＝总库容−静库容。

3. 输入输出

输入：时间、节点等；

输出：河底高程曲线、坝前水位曲线、实时水位曲线、移民迁移线、土地征用线、坝前水位、节点水位、节点距坝里程、总库容、静库容、库容差，如图 8-23 所示。

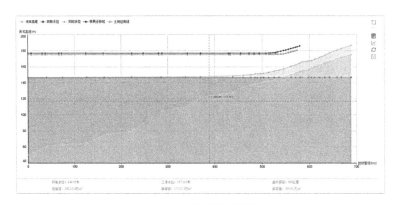

图 8-23　结果输出图

4. 流程设计

流程设计如图 8-24 所示。

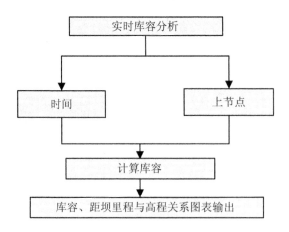

图 8-24　流程设计图

5. 实现设计

①查询数据库所有节点，根据距坝里程按由远到近的顺序排列，并设置节点下拉框以及节点默认值；

②设置计算时间；

③通过节点以及时间查询当天坝前水位与该节点到坝址所有水位站点的实时水位；

④根据坝前水位与每个站点水位计算出该站到上一站的静库容与总库容；

⑤将所有站点总库容求和，得到当前站点到大坝的总库容；

⑥将所有站点静库容求和，得到当前站点到大坝的静库容；

⑦通过该站点的总库容与静库容计算出库容差。

6. 功能结果

功能结果输出如图 8-25 所示。

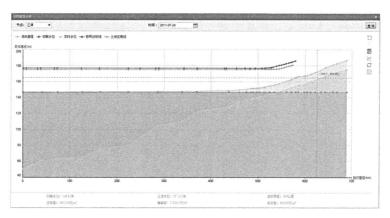

图 8-25　功能结果输出图

8.3.7　初步设计成果库容对比曲线

1. 功能描述

查询相应时间下成果库总库容、干流库容与初步设计成果库容等。绘制成果库总库容、干流库容、初步设计成果库容对比曲线图。

2. 输入输出

输入：时间、节点(江津-大坝)、水位(默认 175m)；

输出：成果库总库容、干流库容、初步设计成果库容、库容高程曲线对比图，结果输出如图 8-26 所示。

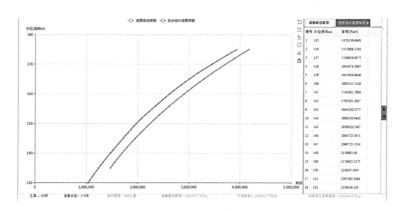

图 8-26　结果输出图

3. 流程设计

流程设计如图 8-27 所示。

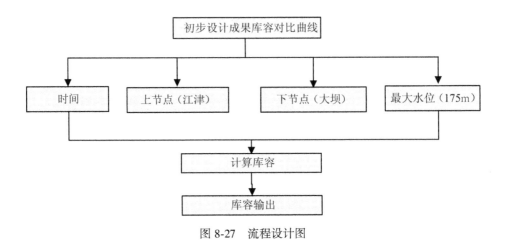

图 8-27　流程设计图

4. 实现设计

①查询数据库中库容成果的时间，并设置时间默认值；

②通过时间、节点(江津–大坝)、水位(175m)计算出该节点在水位最小值 135m 至 175m 下的沿程总库容与干流库容；

③通过时间、节点(江津–大坝)、水位(175m)计算出该节点在水位最小值 130m 至 175m 下的沿程库容初步设计成果；

④将沿程总库容、沿程干流库容、沿程初步设计成果库容三个沿程库容值绘制到二维页面中形成初步设计成果库容对比图。

5. 界面实现和功能结果

界面实现和功能结果如图 8-28 所示。

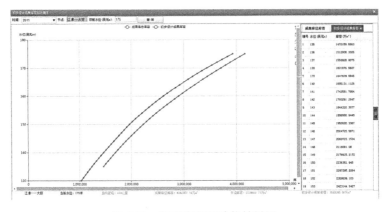

图 8-28　界面实现和功能结果图

第9章 一维泥沙冲淤数模成果表现与动态演示模块设计及实现

9.1 概　　述

一维数模的泥沙冲淤变化成果表现与动态演示子系统用于对已有的编译成可执行文件 Fortran 一维泥沙冲淤计算模型进行封装并提供接口，模型的计算过程在服务端完成，在客户端的请求执行完成后将结果返回到客户端，根据需求将服务返回的模型计算的结果以二维或者三维的方式展现给用户。整个过程考虑了软件模块的可重用性，复用已有的经过长期检验的软件模块可以降低开发成本和开发周期。

在调用一维泥沙冲淤计算模型时需要将输入数据转换为其要求的格式，输出结果根据需求也应作相应的转换，对于模型的输入和输出需要与模型的开发人员了解清楚，以免在调用的过程中产生错误或错误结果。

9.2 功能列表

一维水沙冲淤数模功能如表 9-1 所示。

表 9-1　　　　　　　　　　　　　　功能列表

功能名称	输　入	输　　出
一维水沙冲淤数模	一维泥沙冲淤成果预测	对现有的一维水沙数学模型（如 Fortran 开发的数学模型）进行封装供 Java 调用，预测水沙冲淤结果
	一维泥沙冲淤成果展示	对封装的一维水沙数学计算模型的输出结果运用动态三维仿真技术进行可视化展示

9.3 功能设计与实现

9.3.1 一维泥沙成果预测

1. 功能描述

通过上传修改的参数文件，改变参与计算的参数，调用一维水沙预测程序，计算预测成果。

2. 技术原理

通过“public String Fileupload( ){}”方法上传配置文件，文件上传成功后通过“Runtime. getRuntime( )”调用外部可执行程序 HydroSim_D. exe 计算预测成果。

3. 输入输出

输入：输入参数如图 9-1 所示；

一维预测
模板下载
地形网格
下载
边界条件
下载
参数文件
下载
上传参数文件：
›p\Bound\Bound.txt
浏览...
计算
中止

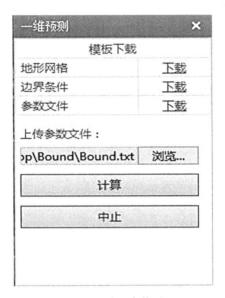

图 9-1　输入参数图

输出：计算输出结果文件如图 9-2 所示。

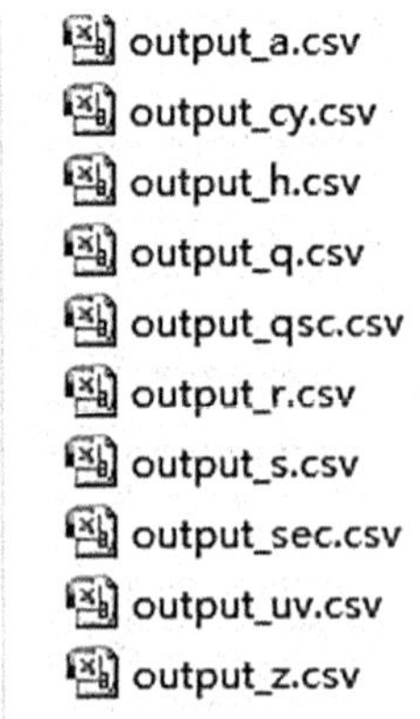

output_a.csv
output_cy.csv
output_h.csv
output_q.csv
output_qsc.csv
output_r.csv
output_s.csv
output_sec.csv
output_uv.csv
output_z.csv

图 9-2　计算输出结果文件图

4. 流程设计

流程设计如图 9-3 所示。

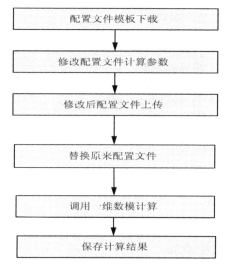

图 9-3 流程设计图

5. 实现设计

①客户端下载模板文件；

②解压下载的模板文件；

③修改模板文件参数；

④保存已修改的文件并上传计算；

⑤后台根据新的计算参数文件计算预测成果并将成果保存至服务器。

6. 界面实现

界面实现如图 9-4 所示。

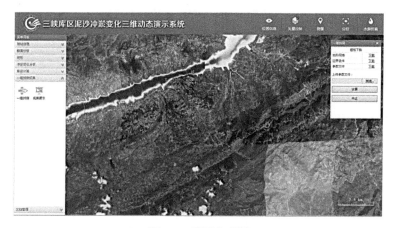

图 9-4 界面实现图

7. 功能结果

功能结果输出文件如图 9-5 所示。

图 9-5 功能结果输出文件图

9.3.2 一维泥沙冲淤成果展示

1. 功能描述

通过选择展示成果要素(水位、流量、输沙率、含沙量、冲淤量、断面平均流速、断面冲淤量等),后台解析相应要素文件,获取要素数据并将数据通过三维可视化球体展示和部分结果以二维图表变化形式展示。

2. 技术原理

通过"public String ReadCSV( )││"方法解析展示结果.CSV 文件,获取展示类型数据结果。

3. 输入输出

输入:成果展示要素,如图 9-6 所示;

图 9-6 成果展示要素输入图

输出：要素成果数据，如图9-7所示。

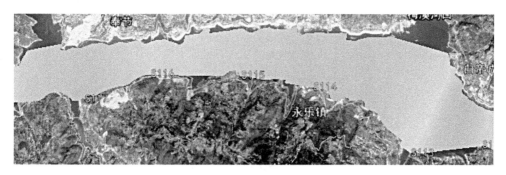

图9-7 结果输出图

4. 流程设计

流程设计如图9-8所示。

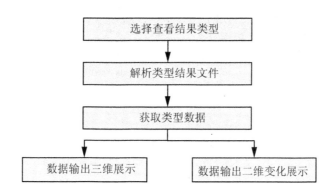

图9-8 流程设计图

5. 实现设计

①客户端选择展示成果要素；

②根据要素条件，服务器解析当前要素条件数据，并返回；

③根据返回数据，在三维可视化球体中展示预测成果，包括流量、输沙率、含沙量、冲淤量、断面平均流速、断面冲淤量等，在二维窗口展示水位、流量等要素分析成果及其变化情况。

6. 界面实现

界面实现如图9-9所示。

7. 功能结果

功能结果如图9-10、图9-11所示。

图 9-9　界面实现图

图 9-10　功能结果输出图（三维）

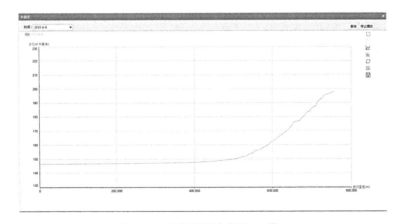

图 9-11　功能结果输出图（二维）

附　　录

附录 1　数据提交标准

1. 水文整编数据

数据提交时按《基础水文数据库表结构及标识符标准》（SL 324—2005）以数据库格式或 Excel 表形式提供。主要数据表如下：

(1) 测站一览表 HY_STSC_A；

(2) 日平均水位表 HY_DZ_C；

(3) 日平均流量表 HY_DQ_C；

(4) 日平均含沙量表 HY_DCS_C；

(5) 日平均输沙率表 HY_DQS_C；

(6) 日水温表 HY_DWT_C；

(7) 月水位表 HY_MTZ_E；

(8) 月流量表 HY_MTQ_E；

(9) 月含沙量表 HY_MTCS_E；

(10) 月输沙率表 HY_MTQS_E；

(11) 月年水温表 HY_MTWT_E；

(12) 月平均泥沙颗粒级配表 HY_MTPDDB_E；

(13) 月泥沙特征粒径表 HY_MTCHPD_E；

(14) 年水位表 HY_YRZ_F；

(15) 年流量表 HY_YRQ_F；

(16) 年含沙量表 HY_YRCS_F；

(17) 年输沙率表 HY_YRQS_F；

(18) 年水温表 HY_YRWT_F；

(19) 年平均泥沙颗粒级配表 HY_YRPDDB_F；

(20) 年泥沙特征粒径表 HY_YRCHPD_F；

(21) 大断面表 HY_XSMSRS_G；

(22) 大断面参数及引用情况表 HY_XSPAQT_G。

系统主要包括的水文、水位站如表 1.1 所示。

表 1.1　　　　　　　　　　系统主要包括的水文、水位站表

站次	测站编码	站名	站别	水系	河名	流入何处
主要水文站						
1	60104800	朱沱(三)	水文	长江干流上游	长江	东海
2	60105400	寸滩	水文	长江干流上游	长江	东海
3	60105700	清溪场(三)	水文	长江干流上游	长江	东海
4	60106000	万县	水文	长江干流上游	长江	东海
5	60106860	庙河	水文	长江干流上游	长江	东海
6	60107170	黄陵庙(陡)	水文	长江干流上游	长江	东海
7	60107300	宜昌	水文	长江干流中游	长江	东海
8	60107400	枝城	水文	长江干流中游	长江	东海
9	60108300	沙市(二郎矶)	水文	长江干流中游	长江	东海
10	60110500	监利(二)	水文	长江干流中游	长江	东海
11	60111300	螺山	水文	长江干流中游	长江	东海
12	60112200	汉口(武汉关)	水文	长江干流中游	长江	东海
13	60113400	九江	水文	长江干流中游	长江	东海
14	60113500	八里江	水文	长江干流下游	长江	东海
15	60115000	大通(二)	水文	长江干流下游	长江	东海
16	60702550	东津沱	水文	嘉陵江区	嘉陵江	长江
17	60703600	北碚(二)	水文	嘉陵江区	嘉陵江	长江
18	60803000	武隆	水文	乌江区	乌江	长江
19	61512000	城陵矶(七里山)	水文	东洞庭湖	洞庭湖湖口	长江
20	62601600	湖口	水文	鄱阳湖区	湖口水道	长江
21	61501200	沙道观(二)	水文	三口洪道	三口洪道	洞庭湖
22	61501500	弥陀寺(二)	水文	三口洪道	三口洪道	洞庭湖
23	61500300	新江口	水文	三口洪道	三口洪道	洞庭湖
主要水位站						
1	60104810	朱杨溪	水位	长江干流上游	长江	东海
2	60104820	石门	水位	长江干流上游	长江	东海
3	60104830	滩盘	水位	长江干流上游	长江	东海
4	60104840	金刚沱(二)	水位	长江干流上游	长江	东海
5	60104850	新街子	水位	长江干流上游	长江	东海

站次	测站编码	站名	站别	水系	河名	流入何处
6	60104860	碚盘沱(二)	水位	长江干流上游	长江	东海
7	60104870	塔坪(二)	水位	长江干流上游	长江	东海
8	60104880	双龙	水位	长江干流上游	长江	东海
9	60104890	小南海	水位	长江干流上游	长江	东海
10	60104891	大中	水位	长江上游上段	长江	东海
11	60104990	丰收坝	水位	长江上游上段	长江	东海
12	60105000	钓二嘴	水位	长江干流上游	长江	东海
13	60105010	落中子	水位	长江干流上游	长江	东海
14	60105020	鹅公岩(二)	水位	长江干流上游	长江	东海
15	60105030	玄坛庙	水位	长江干流上游	长江	东海
16	60105410	铜锣峡	水位	长江干流上游	长江	东海
17	60105420	鱼嘴(二)	水位	长江干流上游	长江	东海
18	60105430	羊角背	水位	长江干流上游	长江	东海
19	60105440	太洪岗	水位	长江干流上游	长江	东海
20	60105450	麻柳嘴(二)	水位	长江干流上游	长江	东海
21	60105460	扇沱	水位	长江干流上游	长江	东海
22	60105500	长寿(二)	水位	长江干流上游	长江	东海
23	60105510	卫东	水位	长江干流上游	长江	东海
24	60105520	大河口	水位	长江干流上游	长江	东海
25	60105530	北拱	水位	长江干流上游	长江	东海
26	60105540	沙溪沟	水位	长江干流上游	长江	东海
27	60105730	白沙沱(二)	水位	长江干流上游	长江	东海
28	60105740	高家镇	水位	长江干流上游	长江	东海
29	60105900	忠县	水位	长江干流上游	长江	东海
30	60105920	石宝寨	水位	长江干流上游	长江	东海
31	60106100	双江(二)	水位	长江干流上游	长江	东海
32	60106130	故陵	水位	长江干流上游	长江	东海
33	60106300	奉节	水位	长江干流上游	长江	东海
34	60106600	巫山	水位	长江干流上游	长江	东海
35	60106700	巴东(二)	水位	长江干流上游	长江	东海
36	60106800	秭归(二)	水位	长江干流上游	长江	东海

站次	测站编码	站名	站别	水系	河名	流入何处
37	60106900	太平溪(二)	水位	长江上游干流	长江	东海
38	60106910	银杏沱	水位	长江上游干流	长江	东海
39	60106990	伍相庙	水位	长江上游干流	长江	东海
40	60107000	茅坪	水位	长江干流上游	长江	东海
41	60107100	三斗坪	水位	长江干流上游	长江	东海
42	60107200	南津关	水位	长江干流上游	长江	东海
43	60107245	葛洲坝 5#	水位	长江干流中游	长江	东海
44	60107255	葛洲坝 7#	水位	长江干流中游	长江	东海
45	60107260	葛洲坝 8#	水位	长江干流中游	长江	东海
46	60107265	李家河	水位	长江干流中游	长江	东海
47	60107270	庙咀	水位	长江干流中游	长江	东海
48	60107310	宝塔河	水位	长江干流中游	长江	东海
49	60107315	胭脂坝	水位	长江干流中游	长江	东海
50	60107320	艾家镇	水位	长江干流中游	长江	东海
51	60107330	磨盘溪	水位	长江干流中游	长江	东海
52	60107335	虎牙滩	水位	长江干流中游	长江	东海
53	60107337	红花套	水位	长江干流中游	长江	东海
54	60107340	杨家咀	水位	长江干流中游	长江	东海
55	60107350	宜都	水位	长江干流中游	长江	东海
56	60107700	马家店	水位	长江干流中游	长江	东海
57	60108100	陈家湾	水位	长江干流中游	长江	东海
58	60510500	木洞河口	水位	长江上游上段	木洞河	长江
59	60511250	大洪河口	水位	长江上游上段	御临河	长江
60	60511290	龙溪河口	水位	长江上游上段	龙溪河	长江
61	60511350	渠溪河口	水位	长江上游下段	渠溪河	长江
62	60511600	安宁	水位	长江上游区	龙河	长江
63	60511610	乌洋树	水位	长江上游区	龙河	长江
64	60512850	人和	水位	长江上游区	小江	长江
65	60512900	栖霞	水位	长江上游区	汤溪河	长江
66	60513300	新津	水位	长江上游区	磨刀溪	长江
67	60513500	梅溪河口	水位	长江上游区	梅溪河	长江

站次	测站编码	站名	站别	水系	河名	流入何处
68	60513910	大宁河口	水位	长江上游区	大宁河	长江
69	60514070	沿渡河口	水位	长江上游区	沿渡河	长江
70	60703700	悦来	水位	嘉陵江	嘉陵江	长江
71	60702800	童家溪	水位	嘉陵江区	嘉陵江	长江
72	60703000	磁器口	水位	嘉陵江区	嘉陵江	长江
73	60703010	千厮门	水位	嘉陵江区	嘉陵江	长江
74	60803005	羊角坝上	水位	乌江	乌江	长江
75	60803006	羊角坝下	水位	乌江	乌江	长江
76	60803010	白马坝上	水位	乌江	乌江	长江
77	60803011	白马坝下	水位	乌江	乌江	长江
78	60803050	小石溪	水位	乌江区	乌江	长江
79	60803060	大石坝	水位	乌江区	乌江	长江
80	60803300	大东门	水位	乌江区	乌江	长江

2. 固定断面数据

固定断面测量数据包括固定断面控制成果、断面成果及断面考证信息等内容。提交成果按照规定的表结构格式提供数据库格式或 Excel 文件。主要数据表如下：

（1）控制成果表 CTPS；

（2）断面标题表 XSHD；

（3）断面成果表 MSXSRS；

（4）参数索引表 XSGGPA；

（5）注解表 RMTB2。

其中：记录数据时，必须填写参数索引表 XSGGPA，将字段 CLS 取值为 1，即表示记录断面成果表，控制成果表 CTPS 中只对左右岸标有所变动的数据进行更新，其他表则记录每一个项目的各个测次数据，有些表需要填入项目编码，项目编码参见附录 1"5. 项目编码"。

如提交整编成果则需按以下方式提供，格式如下：

1 每页报表行数可自行决定，起始位置为"A1"单元格。

2 每页报表前四行为表头。每页必须有，内容见图 1.1。

3 第五行起为断面数据，每个断面数据段由以下内容与格式组成：

第一行：空白行，由一行 16（A~P 列）个单元格合并而来；

第二行：断面名，由一行 16（A~P 列）个单元格合并而来；

第三行：合并该行 2~4 列（即 B~D 列），填写"测次：××××~×"，其中冒号需为英文冒号，合并该行6~8列（即F~H列），填写"$\alpha_{L\to R}$：×××°××′"，其中冒号需为英文冒号，合并该行11~16列（即K~P列），填写"X=×××××　Y=×××××　H=××××××"；

第四行：合并该行2~4列（即B~D列），填写"施测时间：××××.××.××"，其中点号为英文句号，合并该行6~8列（即F~H列），填写"水位：×××.××m"，其中冒号需为英文冒号，合并该行11~16列（即K~P列），填写"X=×××××　Y=×××××　H=××××××"；

第五行：空白行，由一行16（A~P列）个单元格合并而来；

第六行：开始写断面数据，参照表头位置填写测点号、起点距、高程、说明的值，竖列排序顺序书写，共写四列数据。

第末行：下一个断面起始空白行。

提交格式应为Excel格式，单个文档内可有多页报表，如图1.1所示。

库区干支流断面及相关信息示例如表1.2所示。

表1.2　　　　　　　库区干支流断面及相关信息示例

断面编码	断面名称	所在河流	断面位置	断面间距	距参考点距离	说明
库区干流断面示例						
	坝轴线	长江	三峡库区干流	0	0	
LFA03006941	S30+1	长江	三峡库区干流	816	816	
LFA03006931	S30+2	长江	三峡库区干流	448	1264	
LFA03006921	S30+3	长江	三峡库区干流	347	1611	
LFA03006911	S31	长江	三峡库区干流	285	1896	
	凤凰山	长江	三峡库区干流	109	2005	
LFA03006901	S31+1	长江	三峡库区干流	164	2169	
LFA03006891	S32	长江	三峡库区干流	502	2671	
	刘家河	长江	三峡库区干流	99	2770	
LFA03006881	S32+1	长江	三峡库区干流	661	3431	
LFA03006871	S33	长江	三峡库区干流	381	3812	
LFA03006861	S33+1	长江	三峡库区干流	914	4726	
LFA03006851	S34	长江	三峡库区干流	839	5565	
LFA03006841	S34+1	长江	三峡库区干流	1004	6569	
LFA03006831	S35	长江	三峡库区干流	590	7159	
	太平溪	长江	三峡库区干流	14	7173	
LFA03006821	S36	长江	三峡库区干流	1948	9121	

2006年重庆市主城区河段河道演变观测固定断面成果表

平面系统：1954年北京坐标系 高程系统：1985国家高程基准

CY01

测次: 2006-6 $\alpha_{左→右}$: 236°28′
施测时间: 2006.11.11 水位: 159.96 m

测点号	起点距(m)	高程(m)	说明	测点号	起点距(m)	高程(m)	说明	测点号	起点距(m)	高程(m)	说明	测点号	起点距(m)	高程(m)	说明
1	-13	82.89	土	17	88	137.0		33	198	105.8		49	285	122.0	
2	-9	81.68	//	18	107	128.0		34	205	107.0		50	293	123.0	
3	0	78.85	L1	19	112	122.8		35	211	109.0		51	297	125.2	
4	9	70.97	岩石	20	117	121.5		36	217	111.0		52	297	126.0	
5	15	69.40	//	21	121	120.0		37	223	113.0		53	308	129.0	
6	24	67.66	//	22	127	114.7		38	227	115.4		54	313	131.0	
7	39	65.03	//	23	137	110.0		39	233	116.9		55	323	154.0	
8	44	59.96	左水边	24	143	107.0		40	239	117.8		56	335	155.2	
9	44	159.6		25	149	100.0		41	244	118.0		57	346	59.96	右水边
10	53	155.0		26	156	98.0		42	245	118.5		58	351	66.02	岩石
11	58	149.8		27	161	96.9		43	251	119.0		59	351	72.64	//
12	63	147.0		28	167	97.4		44	256	119.5		60	355	73.90	R1
13	69	145.7		29	172	98.8		45	262	120.0		61	374	77.89	土
14	74	144.0		30	179	100.2		46	270	120.2		62	378	80.85	//
15	80	141.6		31	184	101.8		47	276	120.8		63	384	83.40	岩石
16	84	140.2		32	191	103.8		48	280	121.2					

CY02

测次: 2006-6 $\alpha_{左→右}$: 188°25′
施测时间: 2006.11.11 水位: 159.98 m

测点号	起点距(m)	高程(m)	说明	测点号	起点距(m)	高程(m)	说明	测点号	起点距(m)	高程(m)	说明	测点号	起点距(m)	高程(m)	说明
1	-34	83.21	土	25	143	145.6		49	302	130.2		73	479	125.2	
2	-20	78.25	土	26	148	145.0		50	307	130.0		74	484	123.7	
3	0	80.63	L1	27	154	144.5		51	311	130.0		75	499	119.0	
4	9	77.00	土	28	160	143.5		52	317	130.0		76	503	118.5	
5	16	73.02	乱石	29	166	142.0		53	322	129.7		77	508	118.0	
6	27	67.60	乱石	30	172	141.0		54	328	129.4		78	514	117.7	
7	28	67.20	乱石	31	178	140.0		55	334	129.7		79	520	117.5	
8	34	64.86	乱石	32	189	139.5		56	340	131.0		80	525	116.0	
9	36	64.47	//	33	200	138.8		57	345	132.0		81	531	115.8	
10	46	61.18	石头	34	206	137.8		58	348	133.0	床沙	82	537	116.0	
11	48	59.98	左水边	35	212	137.0		59	355	133.0		83	543	116.0	
12	49	159.9		36	217	136.0		60	360	134.2		84	549	115.9	
13	68	157.5		37	223	135.5		61	365	135.0		85	555	115.8	
14	75	155.9		38	229	135.2		62	370	135.2		86	561	115.8	床沙
15	86	154.2		39	235	135.0		63	376	135.5		87	568	115.7	
16	92	152.5		40	240	134.6		64	382	135.7		88	574	115.8	
17	97	150.2		41	247	134.2		65	388	135.4		89	580	116.1	

工作表标签：1(断面) / 2(断面) / 3(断面) / 4(断面) / 5(断面) / 6(断面) / 7(断面) / 8(断面) / 9(断面) / 10(断面)

图1.1 整编成果示例

续表

断面编码	断面名称	所在河流	断面位置	断面间距	距参考点距离	说明
LFA03006811	S37	长江	三峡库区干流	1526	10647	
LFA03006801	S38	长江	三峡库区干流	1131	11778	
LFA03006791	S39-2	长江	三峡库区干流	939	12717	
LFA03006781	S40-1	长江	三峡库区干流	2400	15117	

续表

断面编码	断面名称	所在河流	断面位置	断面间距	距参考点距离	说明
LFA03006771	S41	长江	三峡库区干流	2944	18061	
LFA03006761	S42-1	长江	三峡库区干流	2494	20555	
LFA03006751	S43	长江	三峡库区干流	1459	22014	
LFA03006741	S44-1	长江	三峡库区干流	2305	24319	
LFA03006731	S45	长江	三峡库区干流	1653	25972	
LFA03006721	S46	长江	三峡库区干流	1435	27407	
LFA03006711	S47	长江	三峡库区干流	1126	28533	
LFA03006701	S48	长江	三峡库区干流	1826	30359	
LFA03006691	S49	长江	三峡库区干流	1275	31634	
LFA03006681	S50-1	长江	三峡库区干流	2204	33838	
LFA03006671	S51-1	长江	三峡库区干流	3699	37537	
…	…	…	…	…	…	…

库区支流断面示例

断面编码	断面名称	所在河流	断面位置	断面间距	距参考点距离	说明
LFD00002693	CY41	嘉陵江	江北嘴	135	135	
LFD00002693	CY41	嘉陵江	江北嘴	135	135	
LFD00002683	CY42	嘉陵江	金沙碛	280	415	
LFD00002673	CY43	嘉陵江	金沙碛	283	698	
LFD00002663	CY44	嘉陵江	金沙碛	564	1262	
LFD00002653	CY45	嘉陵江	黄花园	688	1950	
LFD00002643	CY46	嘉陵江	大溪沟	367	2317	
LFD00002633	CY47	嘉陵江	刘家台	1091	3408	
LFD00002623	CY48	嘉陵江	曾家岩	777	4185	
LFD00002613	CY49	嘉陵江	童家溪	1793	5978	
LFD00002603	CY50	嘉陵江	化龙桥	2452	8430	
LFD00002593	CY51	嘉陵江	忠恕沱	1368	9798	
LFD00002413	CY52	嘉陵江	土湾	1006	10804	
LFD00002583	CY53	嘉陵江	中渡口	973	11777	
LFD00002573	CY54	嘉陵江	高家花园	2181	13958	
LFD00002563	CY55	嘉陵江	磁器口	1408	15366	
LFD00002553	CY56	嘉陵江	嘉陵厂	2572	17938	
LFD00002543	CY57	嘉陵江	风子沱	1168	19106	

断面编码	断面名称	所在河流	断面位置	断面间距	距参考点距离	说明
LFD00002533	CY58	嘉陵江	深水井	851	19957	
LFD00002523	CY59	嘉陵江	大竹林	873	20830	
…	…	…	…	…	…	…

3. 实时水文数据

数据提交时按附件 3 规定的实时水文数据表结构以数据库格式或 Excel 表形式提供。主要数据表如下：

(1)河道水情表 WDS_ST_RIVER_R；

(2)含沙量表 WDS_ST_SAND_R。

4. 地形数据

地形数据主要指控制测量和地形观测的数字化成果，数字化成果以 AUTOCAD 2000 的 ∗.dxf 格式提供。地形数据的图幅分层满足附录 2。对于实测点、等高线等具备高程属性的图形要素，CAD 图中一般应填写其高程(标高或 Z 值)。等高线应为多线段(而非三维多线段)，一个测次的地形数据应同时提供该测次的测量范围图，并提供有关地形测验项目的名称、时间、批次等信息。

5. 项目编码

用 8 位数字分别表示水电站工程、水文观测的区域、项目、细致项目、位置、顺序号及文件类别等。具体项目编码见表 1.3。

表 1.3   项目编码表

文件代码	第一层	第二层				第三层	名　称
ABBBBBBC	A	B	B	B	BBB	C	
00000000							三峡水电站
10000000	1						库区水文观测
11000000	1	1					进库水沙观测及库区水位、波浪观测
11100000	1	1	1				进库水沙观测
11200000	1	1	2				库区水位观测
11300000	1	1	3				库区波浪观测
12000000	1	2					库区淤积观测
12100000	1	2	1				库区地形观测
12110000	1	2	1	1			库区干流地形观测

续表

文件代码	第一层	第二层			第三层	名　称
12120000	1	2	1	2		库区支流地形观测
12200000	1	2	2			固定断面观测(间取床沙)
12210000	1	2	2	1		库区干流固定断面观测
12220000	1	2	2	2		库区支流固定断面观测
12300000	1	2	3			水库沿程水力泥沙因素观测
12400000	1	2	4			库区异重流观测
12500000	1	2	5			库区淤积物干容重观测
12610000	1	2	6	1		库区局部重点河段淤积观测
12610010	1	2	6	1	001	涪陵港
12610020	1	2	6	1	002	洛碛
12610030	1	2	6	1	003	土脑子
12610040	1	2	6	1	004	青岩子
13000000	1	3				库区变动回水区水流泥沙及冲淤观测
13100000	1	3	1			水流泥沙观测
13200000	1	3	2			变动回水区冲淤观测
13210000	1	3	2	1		变动回水区走沙观测
13220000	1	3	2	2		河床组成钻探与勘测调查
13230000	1	3	2	3		充水和消落观测
13240000	1	3	2	4		分汊河段观测
13250000	1	3	2	5		非恒定流观测
13300000	1	3	3			浅滩河床演变观测
13400000	1	3	4			重庆主城区河段河道演变观测
13410000	1	3	4	1		重庆主城区固定断面观测
13420000	1	3	4	2		重庆主城区河道地形观测
13420010	1	3	4	2	001	重庆主城区九龙坡河道地形观测
13420020	1	3	4	2	002	重庆主城区朝天门河道地形观测
13420030	1	3	4	2	003	重庆主城区寸滩河道地形观测
13420040	1	3	4	2	004	重庆主城区胡家滩河道地形观测
14000000	1	4				水库勘测调查

文件代码	第一层	第二层			第三层		名　　称
14100000	1	4	1				库岸变形调查
14200000	1	4	2				洲滩调查
14300000	1	4	3				航道演变调查
14400000	1	4	4				水库来水来沙调查
14500000	1	4	5				支流淤积调查
14600000	1	4	6				上游卵石推移质来量及洲滩勘测调查
14700000	1	4	7				变动回水区河势勘测调查
14800000	1	4	8				其他调查
15000000	1	5					测量控制网设测
20000000	2						坝区水文观测
21000000	2	1					坝区水文测验
21100000	2	1	1				坝区水位观测
21200000	2	1	2				专用水文站观测
21300000	2	1	3				围堰及截流水文观测
22000000	2	2					坝区河道演变观测
22100000	2	2	1				水下地形观测
22110000	2	2	1	1			近坝区水下地形观测
22120000	2	2	1	2			围堰冲淤变化观测
22200000	2	2	2				固定纵横断面观测
22210000	2	2	2	1			近坝区固定纵横断面观测
22220000	2	2	2	2			围堰固定纵横断面观测
22300000	2	2	3				坝区局部冲淤观测
22310000	2	2	3	1			通航建筑物(导流明渠、临时船闸、永久船闸)及其上、下引航道冲淤观测
22320000	2	2	3	2			水厂、码头、两岸护坡工程冲淤观测
22330000	2	2	3	3			坝下冲刷坑观测
22340000	2	2	3	4			地下电厂
23000000	2	3					坝区水流泥沙观测
23100000	2	3	1				坝区水流泥沙观测

文件代码	第一层	第二层			第三层		名　称
23200000	2	3	2				建筑物过水过沙测验
23300000	2	3	3				引航道水流泥沙观测及异重流观测
23400000	2	3	4				坝区河势、流态、流速流向观测
24000000	2	4					测量控制网设测
30000000	3						两坝间泥沙冲淤观测
31000000	3	1					两坝间水下地形测量
32000000	3	2					两坝间固定断面测量
33000000	3	3					水面流速流量观测
34000000	3	4					推移质泥沙观测(南津关水文站)
35000000	3	5					平面、高程控制设施
40000000	4						葛洲坝坝区冲淤观测
41000000	4	1					坝区冲淤观测
41100000	4	1	1				葛洲坝坝区水下地形测量
41200000	4	1	2				葛洲坝坝区固定断面观测
42000000	4	2					葛洲坝坝区引航道及电站引水口前局部淤积观测
43000000	4	3					水面流速流向、流态、波浪观测
44000000	4	4					坝区水位观测
45000000	4	5					坝区水沙分布测验
46000000	4	6					坝区其他观测
46100000	4	6	1				引航道水流及异重流观测
46200000	4	6	2				泄水建筑物过水过沙测验
46300000	4	6	3				葛洲坝坝下冲刷坑观测
47000000	4	7					平面、高层控制设施
50000000	5						坝下游水文观测
51000000	5	1					水下地形观测
51100000	5	1	1				坝下游干流水下地形观测
51200000	5	1	2				坝下游支流水下地形观测
51210000	5	1	2	1			汉江水下地形观测

文件代码	第一层	第二层			第三层		名　称
51220000	5	1	2	2			三口洪道水下地形观测
51230000	5	1	2	3			洞庭湖水下地形观测
51240000	5	1	2	4			鄱阳湖水下地形观测
51250000	5	1	2	5			丹江口水库水下地形观测
52000000	5	2					坝下游固定断面观测(间取床沙)
53000000	5	3					坝下游浅滩航道、河演和险工观测
53100000	5	3	1				坝下游浅滩航道观测
53210000	5	3	2				坝下游河演观测
53200010	5	3	2	0	001		荆江三口河演
53300000	5	3	3				坝下游险工观测
53300010	5	3	3	0	001		董市洲
53300020	5	3	3	0	002		关洲
53300030	5	3	3	0	003		虎牙滩
53300040	5	3	3	0	004		柳条洲
53300050	5	3	3	0	005		芦家河
53300060	5	3	3	0	006		外河坝
53300070	5	3	3	0	007		胭脂坝
53300080	5	3	3	0	008		杨家脑
53300090	5	3	3	0	009		宜都弯道
54000000	5	4					坝下游水沙测验
54100000	5	4	1				坝下游水沙观测
54200000	5	4	2				坝下游水位、沿程水面线变化观测
55000000	5	5					其他观测
55100000	5	5	1				河床组成钻探及普查
55200000	5	5	2				河势沿线调查
56000000	5	6					测量控制网设测
60000000	6						其他水文勘测工作
61000000	6	1					监测资料数据库系统研制及运行管理
62000000	6	2					水情预报方案编制成果

文件代码	第一层	第二层				第三层	名　　称
63000000	6	3					水文补充分析计算成果及其专题报告
64000000	6	4					水文泥沙研究成果
65000000	6	5					其他
70000000	7						电站相关非水文勘测工作

6. 三峡水库库容分段区间

三峡库区库容量计算时将库区干流分为 34 个区间段，具体如表 1.4 所示：

表 1.4　　　　　　　　　　　　三峡库区库容量计算区间段

干流分段区间节点	节点间主要支流	参考站点测站名称	测站编码	冻结基面名称	冻结基面以上米数+表内值=1985 国家高程基准以上米数	备注
朱沱		朱沱(三)	60104800	吴淞	−1.381	
滩盘		滩盘	60104830	黄海(59)	0.08	
江津		塔坪(二)	60104870	黄海(59)	0.078	
双龙		双龙	60104880	黄海(59)	0.083	
汤家沱		小南海	60104890	黄海(59)	0.083	
钓二嘴		钓二嘴	60105000	黄海(59)	0.083	
大渡口		落中子	60105010	黄海(59)	0.068	
鹅公岩		鹅公岩(二)	60105020	黄海(59)	0.053	
朝天门		玄坛庙	60105030	黄海(73)	0.057	
	嘉陵江	千厮门	60704010	黄海(73)	0.143	
寸滩		寸滩	60105400	吴淞	−1.487	
唐家沱		铜锣峡	60105410	黄海(73)	0.088	
王香庙						根据上下测站水位插值
鱼嘴		鱼嘴(二)	60105420	假定	−0.186	
	木洞河	木洞河口	60510500	85 基准	0	
羊角背		羊角背	60105430	黄海(73)	0.053	
	御临河	大洪河口	60511250	85 基准	0	

干流分段 区间节点	节点间 主要支流	参考站点 测站名称	测站编码	冻结基面 名称	冻结基面以上米数+ 表内值＝1985 国家 高程基准以上米数	备注
太洪岗		太洪岗	60105440	黄海(73)	0.102	
扇沱		扇沱	60105460	黄海(59)	0.105	
长寿		长寿	60105500	吴淞	−1.474	
	龙溪河	龙溪河口	60511290	85 基准	0	
卫东		卫东	60105510	黄海(73)	0.112	
大河口		大河口	60105520	黄海(59)	0.112	
北拱		北拱	60105530	黄海(73)	0.121	
李渡		沙溪沟	60105540	黄海(73)	0.123	
黄旗场						根据上下测 站水位插值
涪陵		大东门	60803300	85 基准	0	
	乌江	大东门	60803300	85 基准	0	
清溪场		清溪场	60105700	吴淞	−1.508	
丝瓜碛		渠溪河口	60511350	85 基准	0	
	渠溪河	渠溪河口	60511350	85 基准	0	
白沙沱		白沙沱(二)	60105730	85 基准	0	
	龙河	乌洋树	60511610	85 基准	0	
忠县		忠县	60105900	吴淞	−1.715	
石宝寨		石宝寨	60015920	黄海(73)	0.118	
万县		万县	60106000	吴淞	−1.804	
	小江	人和	60512800	黄海(73)	0.089	
	汤溪河	栖霞	60512900	黄海(73)	0.112	
云阳		栖霞	60512900	黄海(73)	0.112	
	磨刀溪	新津	60513300	黄海(73)	0.075	
奉节		奉节	60106300	吴淞	−1.714	
	梅溪河	梅溪河口	60513500	吴淞(资用)	−1.668	
巫山		巫山	60106600	吴淞(资用)	−1.651	
	大宁河	大宁河口	60513910	吴淞(资用)	−1.693	
	沿渡河	沿渡河口	60514070	吴淞(资用)	−1.715	

续表

干流分段 区间节点	节点间 主要支流	参考站点 测站名称	测站编码	冻结基面 名称	冻结基面以上米数+ 表内值=1985国家 高程基准以上米数	备注
巴东		巴东	60106700	吴淞(资用)	−1.685	
秭归		秭归	60106800	吴淞(资用)	−1.711	
大坝		凤凰山	60060175	吴淞(资用)	−1.697	茅坪(二)

附录2　矢量图形分层标准

1. 图层命名规则

水文空间数据库是以图幅为单位进行管理的。为保证在综合应用时,每个图形信息及相应属性信息的独立性,防止图层名重复出现,图层命名按照10位分段层次码编制,图层名编码结构如图2.1所示。

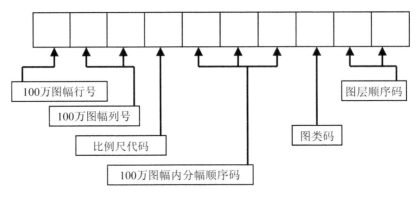

图2.1　图层名编码结构示意图

编码说明:

(1)100万图幅行号:字符码,本系统共涉及2行;

(2)100万图幅列号:数字码,本系统共涉及2列;

(3)比例尺代码:数字码,根据"DZ/T 0197—97数字化地质图图层及属性文件格式",各比例尺编码如下:

1——1∶1000000

2——1∶500000

3——1∶250000

4——1∶200000

5——1∶100000

6——1∶50000

7——1∶25000

8——1∶10000

（4）100万图幅内分幅顺序码：数字码，根据"国家基本比例尺地形图分幅和编号"，25万分幅在百万图幅内顺序码为01—16，5万分幅在百万图幅内顺序码为001—576。

（5）图类码：字符码，指图层专业分类码，根据"DZ/T 0197—97 数字化地质图图层及属性文件格式"，图类码为相关专业术语的汉语拼音的首字母，如首字母与已有图类代码相同，则为专业术语第二个字拼音的首字母。

2. 图形库图层划分

（1）数字化图执行的有关国家标准：

①《1/500、1/1000、1/2000 地形图图式》，GB/T 20257.1—2007。

②《1∶500 1∶1000 1∶2000 地形图数字化规范》，GB/T 17160—2008。

③《1∶5000 1∶10000 地形图图式（修订）》，GB/T 20257.2—2006。

④《基础地理信息要素分类与代码》，GB/T 13923—2006。

⑤《国家基本比例尺地形图分幅和编号》，GB/T 13989—2012。

⑥《全数字式日期表示法》，GB/T 2808—81。

（2）图形数字化图层划分方案。

河道地形图按如下方式分层：

第1层：测量控制点层（赋高程属性，对应于属性表1）；

第2层：首曲线层（赋高程属性，对应于属性表2）；

第3层：计曲线层（赋高程属性，对应于属性表3）；

第4层：居民地及设施层（对应于属性表4）；

第5层：水利工程层（对应于属性表5）；

第6层：交通层（对应于属性表6）；

第7层：水系层（对应于属性表7）；

第8层：植被与土质层（对应于属性表8）；

第9层：地貌层（对应于属性表9）；

第10层：图廓层（方里网、图廓线等，对应于属性表10，对内图廓线赋属性）；

第11层：图幅四角点坐标层（对应于属性表11）；

第12层：境界与政区层（对应于属性表12）；

第13层：管线层（对应于属性表13）；

第14层：基础地理注记层（说明文字、接图表等，对应于属性表14）；

第15层：陡坎层（对应于属性表15）；

第16层：断面线层（用于保存断面数据，对应于属性表16）；

第17层：深泓线层（用于保存深泓线，对应于属性表17）；

第18层：洲滩、岸线层（对应于属性表18）；

第19层：雨量、蒸发站层（对应于属性表19）；

第20层：流态层（标识水流方向等，对应于属性表20）；

第21层：实测点层(点高程，赋高程属性，对应于属性表21)；

第22层：水文测站层(对应于属性表22)；

第23层：水边线层(对应于属性表23)；

第24层：水边线数据层(以水位赋高程属性，对应于属性表24)；

第25层：水体层(对应于属性表25)；

第26层：堤线层(分段赋高程属性，对应于属性表26)；

第27层：水文注记层(水文信息说明文字等，对应于属性表27)；

其他：(应用中可根据实际情况扩充)。

各图层属性表结构(相应字段说明见各表后)如表2.1~表2.27所示。

表2.1　　　　　　　　　　　　　　测量控制点层属性表

序号	数据项名	数据项代码	数据类型及长度	单位
1	图元编号	CHFCAC	N(5)	
2	图元编码	CHFCAA	C(6)	
3	点名	CHAMBC	C(20)	
4	高程	CHAJ	N(7.3)	m
5	等级	PNTGRD	C(10)	

数据项定义或说明：

①图元编号：指各级测量控制点、山峰高程点的编号。

②图元编码：按GB/T 13923的规定填写编码。

③点名：填写各级测量控制点、山峰高程点等的汉字名称。无名者不填。

④高程：指各级高程控制点、山峰高程点的海拔高程，以m为单位按图中高程注记填写。

⑤等级：填写测量控制点的等级。

表2.2　　　　　　　　　　　　　　首曲线层属性表

序号	数据项名	数据项代码	数据类型及长度	单位
1	图元编号	CHFCAC	N(5)	
2	图元编码	CHFCAA	C(6)	
3	高程	CHAJ	N(6.2)	m

数据项定义或说明：

①图元编号：指首曲线的编号。

②图元编码：按GB/T 13923的规定填写代码。

③高程：指每条地形等高线代表的海拔高程。以m为单位填写。

表 2.3　　　　　　　　　　　　　　　　　计曲线层属性表

序号	数据项名	数据项代码	数据类型及长度	单位
1	图元编号	CHFCAC	N(5)	
2	图元编码	CHFCAA	C(6)	
3	高程	CHAJ	N(6.2)	m

数据项定义或说明：

①图元编号：指计曲线的编号。

②图元编码：按 GB/T 13923 的规定填写代码。

③高程：指每条记曲线地形等高线代表的海拔高程。以 m 为单位填写。

表 2.4　　　　　　　　　　　　　　　　居民地及设施层属性表

序号	数据项名	数据项代码	数据类型及长度	单位
1	图元编号	CHFCAC	N(5)	
2	图元编码	CHFCAA	C(6)	
3	图元名称	CHFCAD	C(24)	

数据项定义或说明：

①图元编号：指居民地及设施的编号。

②图元编码：按 GB/T 13923 的规定填写代码。

③图元名称：填写居民地及设施的汉字名称，无名者不填。

表 2.5　　　　　　　　　　　　　　　　水利工程层属性表

序号	数据项名	数据项代码	数据类型及长度	单位
1	图元编号	CHFCAC	N(5)	
2	图元编码	CHFCAA	C(6)	
3	图元名称	CHFCAD	C(24)	

数据项定义或说明：

①图元编号：指水利工程图元的编号。

②图元编码：按本标准第 4 章的有关规定填写代码。

③图元名称：填写水利工程的汉字名称，无名者不填。

表 2.6   交通层属性表

序号	数据项名	数据项代码	数据类型及长度	单位
1	图元编号	CHFCAC	N(5)	
2	图元编码	CHFCAA	C(6)	
3	图元名称	CHFCAD	C(24)	
4	技术等级	TCHGRD	C(12)	

数据项定义或说明：

①图元编号：指铁路、公路及其他交通及附属设施等的编号。

②图元编码：按 GB/T 13923 规定填写代码。

③图元名称：填写铁路、公路及其他交通及附属设施等的汉字名称，无名者则填写其在图幅内的起点终点汉字名称。

④技术等级：填写铁路、公路等交通设施的等级。如高铁、国铁Ⅰ级、国铁Ⅱ级、双向 6 车道高速公路、一级公路、二级公路等。

表 2.7   水系层属性表

序号	数据项名	数据项代码	数据类型及长度	单位
1	图元编号	CHFCAC	N(5)	
2	图元编码	CHFCAA	C(6)	
3	图元名称	CHFCAD	C(24)	
4	河段信息	RVINFO	C(40)	
5	水系等级	HNGRD	C(12)	

数据项定义或说明：

①图元编号：指水系的图元编号。

②图元编码：按 GB/T 13923 规定填写代码。

③图元名称：填写水系的汉字名称，无名者不填。

④河段信息：填写河段相关信息。

⑤水系等级：填写水系的等级。

表 2.8   植被与土质层属性表

序号	数据项名	数据项代码	数据类型及长度	单位
1	图元编号	CHFCAC	N(5)	
2	图元编码	CHFCAA	C(6)	
3	图元名称	CHFCAD	C(24)	

数据项定义或说明：

①图元编号：指植被与土质的图元编号。

②图元编码：按 GB/T 13923 的规定填写代码。

③图元名称：填写植被与土质的汉字名称，无名者不填。

表 2.9　　　　　　　　　　　　　　　　**地貌层属性表**

序号	数据项名	数据项代码	数据类型及长度	单位
1	图元编号	CHFCAC	N(5)	
2	图元编码	CHFCAA	C(6)	
3	图元名称	CHFCAD	C(24)	

数据项定义或说明：

①图元编号：指地貌的图元编号。

②图元编码：按 GB/T 13923 的规定填写代码。

③图元名称：填写地貌的汉字名称，无名者不填。

表 2.10　　　　　　　　　　　　　　　　**图廓层属性表**

序号	数据项名	数据项代码	数据类型及长度	单位
1	图元编号	CHFCAC	N(5)	
2	图元编码	CHFCAA	C(6)	
3	图元名称	CHFCAD	C(24)	

数据项定义或说明：

①图元编号：指图廓的图元编号。

②图元编码：按 GB/T 13923 的规定填写代码。

③图元名称：填写图廓的汉字名称，无名者不填。

表 2.11　　　　　　　　　　　　　　　　**图幅四角点层属性表**

序号	数据项名	数据项代码	数据类型及长度	单位
1	图幅角点编号	IDTIC	N(11)	
2	角点 X 坐标	XTIC	N(13.3)	M 或 S
3	角点 Y 坐标	YTIC	N(12.3)	M 或 S
4	图元编码	CHFCAA	C(6)	

数据项定义或说明:

①图幅角点编号:图幅四角点分别按自西向东、从南而北的顺序统一编号填写。

②角点 X、Y 坐标:可填写平面坐标值,或地理坐标值。

③图元编码:按 GB/T 13923 的规定填写代码。

表 2.12　　　　　　　　　　　　　　**境界与政区层属性表**

序号	数据项名	数据项代码	数据类型及长度	单位
1	图元编号	CHFCAC	N(5)	
2	图元编码	CHFCAA	C(6)	
3	图元名称	CHFCAD	C(30)	

数据项定义或说明:

①图元编号:指境界与政区的编号。

②图元编码:按 GB/T 13923 的规定填写代码。

③图元名称:填写境界与政区的汉字名称。

表 2.13　　　　　　　　　　　　　　**管线层属性表**

序号	数据项名	数据项代码	数据类型及长度	单位
1	图元编号	CHFCAC	N(5)	
2	图元编码	CHFCAA	C(6)	
3	图元名称	CHFCAD	C(24)	

数据项定义或说明:

①图元编号:指管线的编号。

②图元编码:按 GB/T 13923 的规定填写代码。

③图元名称:填写管线的汉字名称,无名者不填。

表 2.14　　　　　　　　　　　　　　**基础地理注记层属性表**

序号	数据项名	数据项代码	数据类型及长度	单位
1	图元编号	CHFCAC	N(5)	
2	图元编码	CHFCAA	C(6)	

数据项定义或说明:

①图元编号:指基础地理注记的编号。

②图元编码:按 GB/T 13923 的规定填写代码。

表 2.15　　　　　　　　　　　　　　　　　**陡坎层属性表**

序号	数据项名	数据项代码	数据类型及长度	单位
1	图元编号	CHFCAC	N(5)	
2	图元编码	CHFCAA	C(6)	
3	图元名称	CHFCAD	C(24)	

数据项定义或说明：

①图元编号：指陡坎的编号。

②图元编码：按 GB/T 13923 的规定填写代码。

③图元名称：填写陡坎的汉字名称，无名者不填。

表 2.16　　　　　　　　　　　　　　　　　**断面线层属性表**

序号	数据项名	数据项代码	数据类型及长度	单位
1	图元编号	CHFCAC	N(5)	
2	图元编码	CHFCAA	C(6)	
3	图元名称	CHFCAD	C(24)	

数据项定义或说明：

①图元编号：指断面线的编号。

②图元编码：按 GB/T 13923 的规定填写代码。

③图元名称：填写断面的汉字名称，无名者不填。

表 2.17　　　　　　　　　　　　　　　　　**深泓线层属性表**

序号	数据项名	数据项代码	数据类型及长度	单位
1	图元编号	CHFCAC	N(5)	
2	图元编码	CHFCAA	C(6)	
3	图元名称	CHFCAD	C(24)	

数据项定义或说明：

①图元编号：指深泓线的编号。

②图元编码：按 GB/T 13923 的规定填写代码。

③图元名称：填写深泓线的汉字名称，无名者不填。

表2.18　　　　　　　　　　　　　　　**洲滩、岸线层属性表**

序号	数据项名	数据项代码	数据类型及长度	单位
1	图元编号	CHFCAC	N(5)	
2	图元编码	CHFCAA	C(6)	
3	图元名称	CHFCAD	C(24)	

数据项定义或说明：
①图元编号：指洲滩、岸线的编号。
②图元编码：按 GB/T 13923 的规定填写代码。
③图元名称：填写洲滩、岸线的汉字名称，无名者不填。

表2.19　　　　　　　　　　　　　　　**雨量、蒸发站层属性表**

序号	数据项名	数据项代码	数据类型及长度	单位
1	图元编号	CHFCAC	N(5)	
2	图元编码	CHFCAA	C(6)	
3	测站类型	STTP	C(12)	
4	测站名称	CHAJ	C(20)	m
5	测站编码	STCD	C(8)	
6	管理单位	MGDP	C(50)	

数据项定义或说明：
①图元编号：指雨量、蒸发站的编号。
②图元编码：按 GB/T 13923 的规定填写代码。
③测站类型：填写雨量、蒸发站的类型。
④测站名称：填写雨量、蒸发站的汉字名称。
⑤测站编码：按规定填写测站编码。
⑥管理单位：填写管理单位的汉字名称。

表2.20　　　　　　　　　　　　　　　**流态层属性表**

序号	数据项名	数据项代码	数据类型及长度	单位
1	图元编号	CHFCAC	N(5)	
2	图元编码	CHFCAA	C(6)	
3	图元名称	CHFCAD	C(24)	

数据项定义或说明：

①图元编号：指流态线的编号。

②图元编码：按 GB/T 13923 的规定填写代码。

③图元名称：填写流态线的汉字名称，无名者不填。

表 2.21　　　　　　　　　　　　　　　**实测点层属性表**

序号	数据项名	数据项代码	数据类型及长度	单位
1	图元编号	CHFCAC	N(5)	
2	图元编码	CHFCAA	C(6)	
3	图元名称	CHFCAD	C(24)	
4	高程	CHAJ	N(7.2)	m
5	类别	OBPTGRD	C(12)	

数据项定义或说明：

①图元编号：指实测点的编号。

②图元编码：按 GB/T 13923 的规定填写代码。

③图元名称：填写实测点的汉字名称，无名者不填。

④高程：指实测点的海拔高程，以 m 为单位填写。

⑤类别：填写实测点的类别。

表 2.22　　　　　　　　　　　　　　　**水文测站层属性表**

序号	数据项名	数据项代码	数据类型及长度	单位
1	图元编号	CHFCAC	N(5)	
2	图元编码	CHFCAA	C(6)	
3	测站类型	STTP	C(12)	
4	测站名称	CHAJ	C(20)	m
5	测站编码	STCD	C(8)	
6	管理单位	MGDP	C(50)	

数据项定义或说明：

①图元编号：指水文测站的编号，由系统自动生成。

②图元编码：按 GB/T 13923 的规定填写代码。

③测站类型：填写水文测站的类型。

④测站名称：填写水文测站的汉字名称。

⑤测站编码：按规定填写测站编码。

⑥管理单位：填写管理单位的汉字名称。

表 2.23　　　　　　　　　　　水边线层属性表

序号	数据项名	数据项代码	数据类型及长度	单位
1	图元编号	CHFCAC	N(5)	
2	图元编码	CHFCAA	C(6)	

数据项定义或说明：
①图元编号：指水边线的编号。
②图元编码：按 GB/T 13923 的规定填写代码。

表 2.24　　　　　　　　　　水边线数据层属性表

序号	数据项名	数据项代码	数据类型及长度	单位
1	图元编号	CHFCAC	N(5)	
2	图元编码	CHFCAA	C(6)	
3	高程	CHAJ	N(6.2)	m
4	测量日期	SDAFAF	T	YYYYMMDD

数据项定义或说明：
①图元编号：指水边线数据点的编号。
②图元编码：按 GB/T 13923 的规定填写代码。
③高程：指每个水边线数据点代表的海拔高程，以 m 为单位填写。
④测量日期：指水边线数据点数据采集日期，按 GB/T 2808 的规定填写到日（年、月、日按顺序填写，年 4 位，月 2 位，日 2 位，如 1980 年 2 月 3 日填写为 19800203）。

表 2.25　　　　　　　　　　　水体层属性表

序号	数据项名	数据项代码	数据类型及长度	单位
1	图元编号	CHFCAC	N(5)	
2	图元编码	CHFCAA	C(6)	
3	图元名称	CHFCAD	C(24)	

数据项定义或说明：
①图元编号：指水体的编号。
②图元编码：按 GB/T 13923 的规定填写代码。
③图元名称：填写水体的汉字名称，无名者不填。

表 2.26 堤线层属性表

序号	数据项名	数据项代码	数据类型及长度	单位
1	图元编号	CHFCAC	N(5)	
2	图元编码	CHFCAA	C(6)	
3	高程	CHAJ	N(6.2)	m

数据项定义或说明：

①图元编号：指堤线的编号。

②图元编码：按 GB/T 13923 的规定填写代码。

③高程：指每条堤线代表的海拔高程，以 m 为单位填写。对于具有固定高程的堤段，可以填写；对于高程变化的堤段不用填写。

表 2.27 水文注记层属性表

序号	数据项名	数据项代码	数据类型及长度	单位
1	图元编号	CHFCAC	N(5)	
2	图元编码	CHFCAA	C(6)	
3	图元名称	CHFCAD	C(30)	

数据项定义或说明：

①图元编号：指水文注记的编号。

②图元编码：按 GB/T 13923 的规定填写代码。

③图元名称：填写水文注记的汉字名称。

附录 3 数据库数据表结构清单

1. 水文整编数据

水文整编数据如表 3.1~表 3.22 所示。

表 3.1 测站一览表(HY_STSC_A)字段定义

序号	字段名	字段标识	类型及长度	是否允许空值	计量单位	主键序号
1	站码	STCD	C(8)	否		1
2	站名	STNM	C(24)	否		
3	站别	STCT	C(4)			
4	流域名称	BSHNCD	C(32)			

续表

序号	字段名	字段标识	类型及长度	是否允许空值	计量单位	主键序号
5	水系名称	HNNM	C(32)	否		
6	河流名称	RVNM	C(32)	否		
7	施测项目码	OBITMCD	C(12)	否		
8	行政区划码	ADDVCD	C(6)	否		
9	水资源分区码	WRRGCD	C(6)			
10	设站年份	ESSTYR	N(4)	否		
11	设站月份	ESSTMTH	N(2)			
12	撤站年份	WDSTYR	N(4)			
13	撤站月份	WDSTMTH	N(2)			
14	集水面积	DRAR	N(10.2)		km^2	
15	流入何处	FLTO	C(32)			
16	至河口距离	DSTRVM	N(5.1)		km	
17	基准基面名称	FDTMNM	C(50)			
18	领导机关	ADMAG	C(30)			
19	管理单位	ADMNST	C(30)			
20	站址	STLC	C(50)			
21	东经	LGTD	N(12.9)		°	
22	北纬	LTTD	N(11.9)		°	
23	测站等级	STGRD	C(1)			
24	报汛等级	FRGRD	C(1)			
25	备注	NT	C(80)			

表 3.2　　　　　　　　　　年水位表(HY_YRZ_F)字段定义

序号	字段名	字段标识	类型及长度	是否允许空值	计量单位	主键序号
1	站码	STCD	C(8)	否		1
2	年	YR	N(4)	否		2
3	平均水位	AVZ	N(7.3)		m	
4	平均水位注解码	AVZRCD	C(4)			
5	最高水位	HTZ	N(7.3)		m	

续表

序号	字段名	字段标识	类型及长度	是否允许空值	计量单位	主键序号
6	最高水位注解码	HTZRCD	C(4)			
7	最高水位日期	HTZDT	T			
8	最低水位	MNZ	N(7.3)		m	
9	最低水位注解码	MNZRCD	C(4)			
10	最低水位日期	MNZDT	T			

表 3.3　　　　　　　　　　　　　年流量表（**HY_YRQ_F**）

序号	字段名	字段标识	类型及长度	是否允许空值	计量单位	主键序号
1	站码	STCD	C(8)	否		1
2	年	YR	N(4)	否		2
3	平均流量	AVQ	N(11.3)		m^3/s	
4	平均流量注解码	AVQRCD	C(4)			
5	最大流量	MXQ	N(11.3)		m^3/s	
6	最大流量注解码	MXQRCD	C(4)			
7	最大流量日期	MXQDT	T			
8	最小流量	MNQ	N(9.3)		m^3/s	
9	最小流量注解码	MNQRCD	C(4)			
10	最小流量日期	MNQDT	T			
11	径流量	RW	N(13.5)		$10^4 m^3$	
12	径流量注解码	RWRCD	C(4)			
13	径流模数	RM	N(13.6)		$dm^3/(km^2 \cdot s)$	
14	径流深	RD	N(7.1)		mm	

表 3.4　　　　　　　　　　　　年含沙量表（**HY_YRCS_F**）字段定义

序号	字段名	字段标识	类型及长度	是否允许空值	计量单位	主键序号
1	站码	STCD	C(8)	否		1
2	年	YR	N(4)	否		2
3	平均含沙量	AVCS	N(12.6)		kg/m^3	

续表

序号	字段名	字段标识	类型及长度	是否允许空值	计量单位	主键序号
4	平均含沙量注解码	AVCSRCD	C(4)			
5	最大含沙量	MXS	N(12.6)		kg/m³	
6	最大含沙量注解码	MXSRCD	C(4)			
7	最大含沙量日期	MXSDT	T			
8	最小含沙量	MNS	N(12.6)		kg/m³	
9	最小含沙量注解码	MNSRCD	C(4)			
10	最小含沙量日期	MNSDT	T			

表3.5　　　　　　　　　　　　年输沙率表（HY_YRQS_F）字段定义

序号	字段名	字段标识	类型及长度	是否允许空值	计量单位	主键序号
1	站码	STCD	C(8)	否		1
2	泥沙类型	SDTP	C(10)	否		2
3	年	YR	N(4)	否		3
4	平均输沙率	AVQS	N(12.6)		kg/s	
5	平均输沙率注解码	AVQSRCD	C(4)			
6	最大日平均输沙率	MXDYQS	N(12.6)		kg/s	
7	最大日平均输沙率注解码	MXDYQSRCD	C(4)			
8	最大日平均输沙出现日期	MXDYQSODT	T			
9	输沙量	SW	N(13.7)		10⁴t	
10	输沙量注解码	SWRC	C(4)			
11	输沙模数	SM	N(13.6)		t/(km²·a)	
12	采样仪器型号	SIMN	C(30)			
13	采样效率系数	SMEC	N(9.5)			
14	备注	NT	VCHAR( )			

表 3.6　　　　　　　　　年水温表（**HY_YRWT_F**）字段定义

序号	字段名	字段标识	类型及长度	是否允许空值	计量单位	主键序号
1	站码	STCD	C（8）	否		1
2	年	YR	N（4）	否		2
3	平均水温	AVWTMP	N（3.1）		℃	
4	平均水温注解码	AVWTMPRCD	C（4）			
5	最高水温	MXWTMP	N（3.1）		℃	
6	最高水温注解码	MXWTMPRCD	C（4）			
7	最高水温日期	MXWTMPDT	T			
8	最低水温	MNWTMP	N（3.1）		℃	
9	最低水温注解码	MNWTMPRCD	C（4）			
10	最低水温日期	MNWTMPDT	T			

表 3.7　　　　　　　年平均泥沙颗粒级配表（**HY_YRPDDB_F**）字段定义

序号	字段名	字段标识	类型及长度	是否允许空值	计量单位	主键序号
1	站码	STCD	C（8）	否		1
2	泥沙类型	SDTP	C（10）	否		2
3	年	YR	N（4）	否		3
4	上限粒径	LTPD	N（7.3）	否	mm	4
5	平均沙重百分数	AVSWPCT	N（4.1）			

表 3.8　　　　　　　　年泥沙特征粒径表（**HY_YRCHPD_F**）字段定义

序号	字段名	字段标识	类型及长度	是否允许空值	计量单位	主键序号
1	站码	STCD	C（8）	否		1
2	泥沙类型	SDTP	C（10）	否		2
3	年	YR	N（4）	否		3
4	中数粒径	MDPD	N（9.4）		mm	
5	平均粒径	AVPD	N（9.4）		mm	
6	最大粒径	MXPD	N（9.4）		mm	
7	备注	NT	VCHAR（）			

表 3.9　　　　　　　　　　　　　　　月水位表（HY_MTZ_E）字段定义

序号	字段名	字段标识	类型及长度	是否允许空值	计量单位	主键序号
1	站码	STCD	C(8)	否		1
2	年	YR	N(4)	否		2
3	月	MTH	N(2)	否		3
4	平均水位	AVZ	N(7.3)		m	
5	平均水位注解码	AVZRCD	C(4)			
6	最高水位	HTZ	N(7.3)		m	
7	最高水位注解码	HTZRCD	C(4)			
8	最高水位日期	HTZDT	T			
9	最低水位	MNZ	N(7.3)		m	
10	最低水位注解码	MNZRCD	C(4)			
11	最低水位日期	MNZDT	T			

表 3.10　　　　　　　　　　　　　　月流量表（HY_MTQ_E）字段定义

序号	字段名	字段标识	类型及长度	是否允许空值	计量单位	主键序号
1	站码	STCD	C(8)	否		1
2	年	YR	N(4)	否		2
3	月	MTH	N(2)	否		3
4	平均流量	AVQ	N(11.3)		m^3/s	
5	平均流量注解码	AVQRCD	C(4)			
6	最大流量	MXQ	N(11.3)		m^3/s	
7	最大流量注解码	MXQRCD	C(4)			
8	最大流量日期	MXQDT	T			
9	最小流量	MNQ	N(9.3)		m^3/s	
10	最小流量注解码	MNQRCD	C(4)			
11	最小流量日期	MNQDT	T			

表 3.11 月含沙量表(**HY_MTCS_E**)字段定义

序号	字段名	字段 标识	类型 及长度	是否允 许空值	计量 单位	主键 序号
1	站码	STCD	C(8)	否		1
2	年	YR	N(4)	否		2
3	月	MTH	N(2)	否		3
4	平均含沙量	AVCS	N(12.6)		kg/m³	
5	平均含沙 量注解码	AVCSRCD	C(4)			
6	最大含沙量	MXS	N(12.6)		kg/m³	
7	最大含沙 量注解码	MXSRCD	C(4)			
8	最大含沙量日期	MXSDT	T			
9	最小含沙量	MNS	N(12.6)		kg/m³	
10	最小含沙 量注解码	MNSRCD	C(4)			
11	最小含沙量日期	MNSDT	T			

表 3.12 月输沙率表(**HY_MTQS_E**)字段定义

序号	字段名	字段 标识	类型 及长度	是否允 许空值	计量 单位	主键 序号
1	站码	STCD	C(8)	否		1
2	泥沙类型	SDTP	C(10)	否		2
3	年	YR	N(4)	否		3
4	月	MTH	N(2)	否		4
5	平均输沙率	AVQS	N(12.6)		kg/s	
6	平均输沙 率注解码	AVQSRCD	C(4)			
7	最大日平 均输沙率	MXDYQS	N(12.6)		kg/s	
8	最大日平均输 沙率注解码	MXDYQSRCD	C(4)			
9	最大日平均输 沙率出现日期	MXDYQSODT	T			

表 3.13　　　　　　　　月水温表（HY_MTWT_E）字段定义

序号	字段名	字段标识	类型及长度	是否允许空值	计量单位	主键序号
1	站码	STCD	C(8)	否		1
2	年	YR	N(4)	否		2
3	月	MTH	N(2)	否		3
4	平均水温	AVWTMP	N(3.1)		℃	
5	平均水温注解码	AVWTMPRCD	C(4)			
6	最高水温	MXWTMP	N(3.1)		℃	
7	最高水温注解码	MXWTMPRCD	C(4)			
8	最高水温日期	MXWTMPDT	T			
9	最低水温	MNWTMP	N(3.1)		℃	
10	最低水温注解码	MNWTMPRCD	C(4)			
11	最低水温日期	MNWTMPDT	T			

表 3.14　　　　　　月平均泥沙颗粒级配表（HY_MTPDDB_E）字段定义

序号	字段名	字段标识	类型及长度	是否允许空值	计量单位	主键序号
1	站码	STCD	C(8)	否		1
2	泥沙类型	SDTP	C(10)	否		2
3	年	YR	N(4)	否		3
4	月	MTH	N(2)	否		4
5	上限粒径	LTPD	N(7.3)	否	mm	5
6	平均沙重百分数	AVSWPCT	N(4.1)			

表 3.15　　　　　　月泥沙特征粒径表（HY_MTCHPD_E）字段定义

序号	字段名	字段标识	类型及长度	是否允许空值	计量单位	主键序号
1	站码	STCD	C(8)	否		1
2	泥沙类型	SDTP	C(10)	否		2
3	年	YR	N(4)	否		3
4	月	MTH	N(2)	否		4

序号	字段名	字段标识	类型及长度	是否允许空值	计量单位	主键序号
5	中数粒径	MDPD	N(9.4)		mm	
6	平均粒径	AVPD	N(9.4)		mm	
7	最大粒径	MXPD	N(9.4)		mm	
8	备注	NT	C(50)			

表 3.16　　　　　　　　　　　日平均水位表(**HY_DZ_C**)字段定义

序号	字段名	字段标识	类型及长度	是否允许空值	计量单位	主键序号
1	站码	STCD	C(8)	否		1
2	日期	DT	T	否		2
3	平均水位	AVZ	N(7.3)		m	
4	平均水位注解码	AVZRCD	C(4)			

表 3.17　　　　　　　　　　　日平均流量表(**HY_DQ_C**)字段定义

序号	字段名	字段标识	类型及长度	是否允许空值	计量单位	主键序号
1	站码	STCD	C(8)	否		1
2	日期	DT	T	否		2
3	平均流量	AVQ	N(11.3)		m^3/s	
4	平均流量注解码	AVQRCD	C(4)			

表 3.18　　　　　　　　　　　日平均含沙量表(**HY_DCS_C**)字段定义

序号	字段名	字段标识	类型及长度	是否允许空值	计量单位	主键序号
1	站码	STCD	C(8)	否		1
2	日期	DT	T	否		2
3	平均含沙量	AVCS	N(12.6)		kg/m^3	
4	平均含沙量注解码	AVCSRCD	C(4)			

表 3.19　　　　　　　　日平均输沙率表(HY_DQS_C)字段定义

序号	字段名	字段标识	类型及长度	是否允许空值	计量单位	主键序号
1	站码	STCD	C(8)	否		1
2	泥沙类型	SDTP	C(10)	否		2
3	日期	DT	T	否		3
4	平均输沙率	AVQS	N(12.6)		kg/s	
5	平均输沙率注解码	AVQSRCD	C(4)			

表 3.20　　　　　　　　日水温表(HY_DWT_C)字段定义

序号	字段名	字段标识	类型及长度	是否允许空值	计量单位	主键序号
1	站码	STCD	C(8)	否		1
2	日期	DT	T	否		2
3	水温	WTMP	N(3.1)		℃	
4	水温注解码	WTMPRCD	C(4)			

表 3.21　　　　　　　实测大断面成果表(HY_XSMSRS_G)字段定义

序号	字段名	字段标识	类型及长度	是否允许空值	计量单位	主键序号
1	站码	STCD	C(8)	否		1
2	施测日期	OBDT	T	否		2
3	测次号	OBNO	N(2)	否		3
4	垂线号	VTNO	C(8)	否		4
5	起点距	DI	N(7.2)		m	
6	河底高程	RVBDEL	N(7.3)		m	
7	河底高程注解码	RVBDELRCD	C(4)			
8	测时水位	OBDRZ	N(7.3)		m	
9	测时水位注解码	OBDRZRCD	C(4)			
10	垂线方位	VTAZ	C(30)			

表 3.22　　　　大断面参数及引用情况表（HY_XSPAQT_G）字段定义

序号	字段名	字段标识	类型及长度	是否允许空值	计量单位	主键序号
1	站码	STCD	C(8)	否		1
2	施测日期	OBDT	T	否		2
3	测次号	OBNO	N(2)	否		3
4	断面名称及位置	XSNMLC	C(60)			
5	测次说明	OBNONT	C(50)			
6	引用施测日期	QTOBDT	T	否		
7	引用测次号	QTOBNO	N(2)	否		
8	引用起始起点距	QTBGDI	N(7.2)		m	
9	引用终止起点距	QTEDDI	N(7.2)		m	

2. 固定断面数据

固定断面数据如表 3.23~表 3.28 所示。

表 3.23　　　　断面标题表（XSHD）字段定义

字段名	字段标识	类型及长度	是否允许空值	计量单位	主键	索引序号
断面码	XSCD	C(11)	否		1	
断面名称	XSNM	C(20)				
断面位置	XSLC	C(50)				
年份	YR	N(4)	否		2	
月日	MD	N(4)	否			
水系	HNET	C(20)				
河名	RINM	C(20)				
流入何处	FLTOWH	C(20)				
起点标名称	CTPNM	C(20)				
对岸标名称	CTPNM1	C(20)				
平面坐标名称	PLCDNM	C(20)				
高程基面名称	ELDMNM	C(20)				
断面方位角	XSAST	C(20)				

续表

字段名	字段标识	类型及长度	是否允许空值	计量单位	主键	索引序号
至参考点累计距离	RIMODS	N(11.3)				
附注	NT	C(50)		50		
测次	MSNO	C(4)			3	
项目编码	PRJCD	C(11)			4	

表 3.24   **参数索引表(XSGGPA)字段定义**

字段名	字段标识	类型及长度	是否允许空值	计量单位	主键	索引序号
断面码或水尺码	XSCD	C(11)	否		1	
测次	MSNO	C(4)			3	
类别	CLS	C(1)	否		2	
年份	YR	N(4)	否		4	
月日	MD	N(4)	否			
左岸水位	LOBZ	N(7.3)				
右岸水位	ROBZ	N(7.3)				
附注	NT	C(20)				
项目编码	PRJCD	C(9)	否		5	5

CLS 的取值：1——断面成果表；2——流速成果表；3——含沙量成果表；4——悬沙颗粒级配成果表；5——床沙颗粒级配成果表；6——实测水位成果表；7——表示异重流级配成果表；8——表示干容重成果表。

表 3.25   **断面成果表(MSXSRS)字段定义**

字段名	字段标识	类型及长度	是否允许空值	计量单位	主键	索引序号
断面码	XSCD	C(11)	否			1
年份	YR	N(4)	否			2
月日	MD	N(4)	否			3
测点号	VTNO	C(4)	否			
起点距	INPTDS	N(7.3)	否			4

续表

字段名	字段标识	类型及长度	是否允许空值	计量单位	主键	索引序号
高程	RIBBEL	N(7.3)				
说明	NT	C(20)				

表 3.26　　　　　　　　　　　　**控制成果表（CTPS）字段定义**

字段名	字段标识	类型及长度	是否允许空值	计量单位	主键	索引序号
标正名	CTPNM	C(20)	否			
标别名	CTPNM1	C(20)				
年份	YR	N(4)	否			
月日	MD	N(4)	否			
平面控制等级	PLCTGD	C(4)				
纵（X）	X	N(11.3)				
横（Y）	Y	N(11.3)				
平面施测日期	PLMSDT	T				
高程控制等级	ELCTGD	C(4)				
高程	EL	N(7.3)				
高程施测日期	ELMSDT	T				
平面坐标名称	PLCDNM	C(50)				
高程基面名称	ELDMNM	C(50)				
起点距	INPTDS	N(7.3)				
标志类型	FLAGTYPE	C(4)				
附注	NT	C(50)				

表 3.27　　　　　　　　　　　　**流速成果表（OBV）字段定义**

字段名	字段标识	类型及长度	是否允许空值	计量单位	主键	索引序号
断面码	XSCD	C(11)	否			
年份	YR	N(4)	否			
月日	MD	N(4)	否			
垂线号	VTNO	C(4)	否			

字段名	字段标识	类型及长度	是否允许空值	计量单位	主键	索引序号
起点距	INPTDS	N(7.3)	否			
垂线水深	VTDP	N(5.2)				
0.0水深流速	V00	N(5.2)				
0.2水深流速	V02	N(5.2)				
0.6水深流速	V06	N(5.2)				
0.8水深流速	V08	N(5.2)				
0.9水深流速	V09	N(5.2)				
0.95水深流速	V95	N(5.2)				
1.0水深流速	V10	N(5.2)				
平均流速	AVV	N(5.2)				
附注	NT	C(20)				

表3.28　　　　　　　　　　　**含沙量成果表(OBCS)字段定义**

字段名	字段标识	类型及长度	是否允许空值	计量单位	主键	索引序号
断面码	XSCD	C(8)	否			
年份	YR	N(4)	否			
月日	MD	N(4)	否			
垂线号	VTNO	C(4)	否			
起点距	INPTDS	N(7.3)	否			
垂线水深	VTDP	N(5.2)				
0.0含沙量	CS00	N(9.3)				
0.2含沙量	CS 02	N(9.3)				
0.6含沙量	CS 06	N(9.3)				
0.8含沙量	CS 08	N(9.3)				
0.9含沙量	CS 09	N(9.3)				
0.95含沙量	CS 95	N(9.3)				

字段名	字段标识	类型及长度	是否允许空值	计量单位	主键	索引序号
1.0 含沙量	CS 10	N(9.3)				
平均含沙量	AVCS	N(9.3)				
附注	NT	C(20)				

3. 实时水文数据

实时水文数据如表 3.29~表 3.30 所示。

表 3.29　　　　　　　**河道水情表(WDS_ST_RIVER_R)字段定义**

字段名	字段标识	类型及长度	是否允许空值	计量单位	主键	索引序号
测站编码	STCDT	C(8)	否		1	1
年月日时分	YMDHM	T	否		2	2
水位	ZR	N(7.3)	否	m		
流量	Q	N(9.3)		m^3/s		
测流面积	XSA	N(9.3)		m^2		
断面平均流速	XSEMS	N(5.3)		m/s		
河水特征	ZRCHAR	N(1)				
水势	ZRTEND	N(1)				

表 3.30　　　　　　　**含沙量表(WDS_ST_SAND_R)字段定义**

字段名	字段标识	类型及长度	是否允许空值	计量单位	主键	索引序号
测站编码	STCDT	C(8)	否		1	1
年月日时分	YMDHM	T	否		2	2
含沙量	SAND	N(9.3)		kg/m^3		
含沙特征	SDCHR	N(1)				
含沙测法	SDMES	N(1)				

4. 系统扩充数据

系统扩充数据如表 3.31 所示。

表 3.31 河流信息表（RIVER_INFO）字段定义

字段名	字段标识	类型及长度	是否允许空值	计量单位	主键	索引序号
河流代码	ENNMCD	C(8)	否		1	1
流域名称	BSHNCD	C(3)				
水系名称	HNNM	C(32)	否			
河流名称	RVNM	C(32)	否			
集水面积	DRAR	N(12.2)		km^2		
等级	T	N(1)				

5. 系统元数据

系统元数据如表 3.32~表 3.37 所示。

表 3.32 数据表信息表（TABLE_INFO）字段定义

字段名	字段标识	类型及长度	是否允许空值	计量单位	主键	索引序号
数据表分类	TABLEGROUP	C(40)	否		1	1
次级分类	SUBGROUP	C(40)				
表名	NAME	C(20)			2	2
表中文名	CNNAME	C(40)				

表 3.33 测站基面关系表（HY_STRL）字段定义

字段名	字段标识	类型及长度	是否允许空值	计量单位	主键	索引序号
站码	STCD	C(8)	否		1	1
基准基面名称	FDTMNM	C(40)				
绝对基面名称	ABSDMNM	C(40)				
基准与绝对基面高差	AADMEL	N(10.3)				

表 3.34　　　　　　　　**字段元数据字典表（DIC_FLD）字段定义**

字段名	字段标识	类型及长度	是否允许空值	计量单位	主键	索引序号
字段编号	FLID	C(12)	否		1	1
字段中文名称	FLDCNNM	C(30)	否			
字段英文名称	FLDENNM	VCHAR( )	否			
所在表编号	TBID	C(12)	否		2	2
所在表名称	TBNM	C(30)	否			
主键序号	PKNUM	C(2)				
域值	DOMAIN	VCHAR( )				
单位	UNITS	C(10)				
数据类型	DTTYPE	C(10)				
长度	LENGTH	C(2)				
精度	PRECIS	C(2)				
小数点位数	DECIMAL	C(2)				
是否可以为空	ISNULL	C(2)				

表 3.35　　　　　　　　**工程文件编码表（DOC_TPNAME）字段定义**

字段名	字段标识	类型及长度	是否允许空值	计量单位	主键	索引序号
一层类名	一层类名	C(50)	否			
二层类名	二层类名	C(50)				
三层类名	三层类名	C(50)				
四层类名	四层类名	C(50)				
五层类名	五层类名	C(60)				
文档类型编码	文档类型编码	C(10)	否		1	1

表3.36　　　　　　　地形项目编码表(GEOGRAPHY_PRJ)字段定义

字段名	字段标识	类型及长度	是否允许空值	计量单位	主键	索引序号
项目编码	PRJCD	C(8)	否		1	1
项目名称	PRJNM	C(70)	否			

表3.37　　　　　　水文代表断面表(CLASSICAL_XS)字段定义

字段名	字段标识	类型及长度	是否允许空值	计量单位	主键	索引序号
站码	STCD	C(8)			1	1
站名	STNM	C(24)				
断面码	XSCD	C(11)				
断面名称	XSNM	C(20)				

参 考 文 献

［1］汤国安，赵牡丹，杨昕，等. 地理信息系统［M］. 2 版. 北京：科学出版社，2010.

［2］李纪人. 地理信息系统在水利中的应用［J］. 中国水利，2001(8)：67-68.

［3］张华，郭生练，等. 地理信息系统中的水文数据模型研究与探讨［J］. 长江科学院院报，2005，22(2)：32-34.

［4］易卫华. 基于 Arc Hydro 数据模型构建宛川河流域水文数据库［D］. 兰州：兰州大学，2007.

［5］常保华. 动态水面场景建模与绘制［D］. 青岛：中国海洋大学，2007.

［6］WANG Wei, HU ChuanBo, CHEN. Spatio-temporal enabled urban decision-making process modeling and visualization under the cyber-physical environment［J］. Science China (Information Science)，2015，10.

［7］Wei Wang, Pengfei Li. A Geospatial Decision Meta-Model for Heterogeneous Model Management：A Regional Transportation Planning Case Study［J］. Arab J Sci Eng，2016，3.

［8］Peng Wang, Wei Wang. Spatial Simulation Model of Storm Flow Process based on Cellular Automata Algorithm［J］. The International Society for Optical Engineering，2009.

［9］Chao WANG, Wei WANG. A Watermarking Algorithm for Vector Data Based on Spatial Domain［C］. The 1st International Conference on Information Science and Engineering，2009，10.

［10］Wei Wang, Xin Li. River Water Level Forecast Based on Spatio-temporal Series Model and RBF Neural Network［C］. The 2nd International Conference on Information Science and Engineering，2010，12.

［11］David R, Maidment. Arc Hydro GIS for water resource［M］. California：ESRI Press，2002.

［12］Ai, T. The drainage network extraction from contour lines for contour line genera-lization［J］. ISPRS Journal of Photogrammetry and Remote Sensing，2007，62(2)：93-103.

［13］Lindsay, J. B. , I. F. Creed. Distinguishing actual and artefact depressions in digital elevation data［J］. Computers & Geosciences，2006，32(8)：1192-1204.

［14］Peucker, T. K. , D. H. Douglas. Detection of Surface-Specific Points by Local Parallel［J］. Processing of Discrete Terrain Elevation Data，1975，4(4)：375-387.

［15］Lindsay, J. B. , I. F. Creed. Removal of artifact depressions from digital elevation models：

towards a minimum impact approach［J］. Hydrological processes，2005，19（16）：3113-3126.

［16］王俊，王伟. 梯级水电站水文泥沙信息管理分析系统设计与实现［M］. 武汉：武汉大学出版社，2014.

［17］郑子彦，张万昌，邰庆国. 基于DEM与数字化河道提取流域河网的不同方案比较研究［J］. 资源科学，2009（10）.

［18］李苏军，杨冰，吴玲达. 海浪建模与绘制技术综述［J］. 计算机应用研究，2008，25（3）：666-669.

［19］朱思蓉，吴华意. Arc Hydro水文数据模型［J］. 测绘与空间地理信息，2006，9（5）：87-90.

［20］王鹏. 构建逼真三维虚拟仿真地球场景的若干关键技术研究［D］. 武汉：武汉大学博士学位论文，2016.

［21］漆炜. 金沙江下游流域水流泥沙信息管理与分析研究［D］. 武汉：武汉大学博士学位论文，2012.

［22］赵庆亮. 基于Arc Hydro数据模型的金沙江下游水文数据管理研究［D］. 武汉：武汉大学硕士学位论文，2012.

［23］刘静波. 基于元胞自动机的河道槽蓄量计算方法研究［D］. 武汉：武汉大学硕士学位论文，2011.

［24］童俊涛. 虚拟地理环境中河流建模与渲染的研究［D］. 武汉：武汉大学硕士学位论文，2011.

［25］蒲慧龙. 不规则河道水面实时建模与绘制［D］. 武汉：武汉大学硕士学位论文，2010.

［26］王伟，王鹏，陈能成，谢俊. 一种面向大区域不规则河道的水流仿真方法［J］. 武汉大学学报信息科学版，2011（5）.

［27］余伟，王伟，蒲慧龙. 河道流动水体三维仿真方法研究［J］. 测绘通报，2015（9）.

［28］王伟，李鹏飞. 流域整体数学模型系统设计与实现［J］. 测绘地理信息，2013，38（4）.

［29］李德仁. 论21世纪遥感和GIS的发展［J］. 武汉大学学报(信息科学版)，2003（2）.

［30］龚健雅，林珲. 论虚拟地理环境［J］. 测绘学报，2002（1）.

［31］刘建英，徐爱萍. 网格GIS中空间信息描述语言的研究［J］. 科技导报，2006，24（6）：46-47.

［32］孙杭，孙芳. 浅谈可视化3维GIS［J］. 测绘与空间地理信息，2009，32（4）：131-132.

［33］刘明皓，夏英，袁正午，等. 地理信息系统导论［M］. 重庆：重庆大学出版社，2010.

［34］杨海霞. 数据库原理与设计［M］. 北京：人民邮电出版社，2007.

［35］陈能成，王伟．智慧城市综合管理［M］．北京：科学出版社，2015.

［36］王伟，李鹏飞，王鹏，王超．面向3DGIS渲染逼真度的方法研究［J］．武汉大学学报信息科学版，2017(8)．

［37］冯飞．数据库原理［M］．北京：清华大学出版社，2008.

［38］关东升，田登山．JSP网络程序设计［M］．北京：北京邮电大学出版社，2011.

［39］王虎．SSM框架下酒店客房管理平台构建［J/OL］．电脑知识与技术，2017，13(28)：89-91(2018-09-19)．http：//www．lunwenstudy．com/jsjgc/134032．html.

［40］Duanxz博客园．EhCache分布式缓存/缓存集群［EB/OL］．(2015-10-28)．https：//www．cnblogs．com/duanxz/p/4919132．html.

［41］jQuery UI教程［EB/OL］．http：//www．runoob．com/jqueryui/jqueryui-tutorial．html.

［42］Spring百度百科［EB/OL］．https：//baike．baidu．com/item/spring% E6% A1% 86% E6%9E%B6/2853288？fr=aladdin.

［43］MyBatis百度百科［EB/OL］．https：//baike．baidu．com/item/MyBatis/2824918？fr=aladdin.